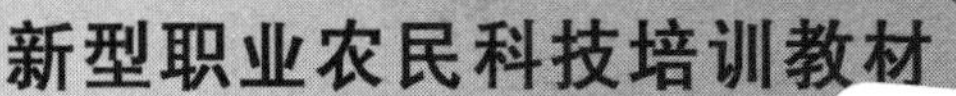

新型职业农民科技培训教材

新型农民教育知识

张明增　易建平　刘茂秋　主编

中国农业科学技术出版社

图书在版编目(CIP)数据

新型农民教育知识 / 张明增,易建平,刘茂秋主编.
—北京 :中国农业科学技术出版社, 2014.7
ISBN 978-7-5116-1721-7

Ⅰ. ①新… Ⅱ. ①张… ②易… ③刘… Ⅲ. ①农民教育—中国 Ⅳ. ①G725

中国版本图书馆 CIP 数据核字(2014)第 138262 号

责任编辑 崔改泵
责任校对 贾晓红

出 版 者 中国农业科学技术出版社
北京市中关村南大街 12 号 邮编:100081
电 话 (010)82106624(发行部) (010)82109194(编辑室)
传 真 (010)82106624
网 址 http://www.castp.cn
经 销 者 各地新华书店
印 刷 者 北京华正印刷有限公司
开 本 850mm×1 168mm 1/32
印 张 5
字 数 112 千字
版 次 2014 年 7 月第 1 版 2015 年 7 月第 3 次印刷
定 价 18.00 元

《新型农民教育知识》
编委会

目 录

第一章　农村社会事业管理知识

农村社会事业管理是指农村各级基层政府根据国家的法律、政策和我国农村社会经济协调发展的规划，对农村的人口和计划生育、教育、医疗卫生、社会保障、科技、文化宗教、生态环境以及基层民主等社会事业的发展进行组织、规划、指挥、协调和控制，从而保障农村社会良性运行的社会活动。农村社会事业管理在保证我国农业和农村经济持续稳定协调发展，提高农村居民素质，改善农村居民生活质量，促进我国农村的物质文明和精神文明的建设中都具有重要的地位和作用。

第一节　农村管理

一、管理的含义

"什么是管理？"一直是每个初学管理的人首先需要理解和明白的问题，这个问题涉及管理的定义。管理的定义是组成管理学理论的基本内容，明晰管理的定义也是理解管理问题和研究管理学最起码的要求。

【小故事】

三个老汉的皇帝梦

话说有三个老汉，有一天碰到了一起，聊着聊着就聊到了皇帝身上。

拾粪的老汉说:“如果我当了皇帝,我就下令这条街东面的粪全部归我,谁去拾就让公差去抓。”

砍柴的老汉瞪了他一眼说:“你就知道拾粪,皇帝拾粪干啥?如果我当了皇帝,我就打一把金斧头,天天用金斧头去砍柴。”

讨饭的老汉听完后哈哈大笑,眼泪都笑出来了。他说:“你们俩真有意思,都当皇帝了,还用得着干活吗?要是我当了皇帝,我就天天坐在火炉边吃烤红薯。”

这些老汉就是想坏了脑子,也不知道皇帝是如何生活的。

这个故事倒真能引起我们从事管理和学习管理的人深思。我们身边不是经常有这样的人吗?由于管理像雾霭一样,管理的海洋既浩瀚又神秘,如同这3个老汉一样对管理并不真的知道却敢遐想的人还真不少。

管理活动自古有之,但将其上升为一门科学加以研究和探讨,却只有一个多世纪的时间。随着时代的发展,各种管理理论和学派林立,中外学者从不同的研究角度出发,对管理作出了不同的解释。因此,到目前为止,管理还没有一个统一的定义。

“科学管理之父”泰罗认为,管理就是要“确切地知道要别人干什么,并注意他们用最好最经济的办法去干”。

“经营管理之父”法约尔认为,“管理就是实行计划、组织、指挥、协调和控制”。

美国管理学家西蒙认为,“管理就是决策”。

美国管理学家孔茨认为，管理是“为实现预定目标而进行的计划、组织、领导和控制”。

“现代管理学之父”彼得·德鲁克认为，“管理就是正确地做事，做正确的事，有效率地做事”。

美国管理协会认为，管理是“通过他人的努力来完成工作”。

南京大学管理学教授周三多认为，“管理是社会组织中，为了实现预期目标，以人为中心进行的协调活动。”

上述观点，从不同角度出发，分别强调了管理者个人的作用与管理的本质、过程、核心环节及其对人的管理。泰罗和美国管理协会强调，管理就是通过其他人把事办好；法约尔、孔茨更多地强调管理的环节；西蒙强调，管理的核心环节就是决策；周三多强调，管理的本质就是协调。

二、农村管理的含义

农村管理隶属于管理范畴，与管理的关系是特殊与普通、个别与一般的关系。搞清什么是管理之后，对什么是农村管理的理解便相对容易得多了。农村管理活动也必然由管理主体、管理客体、组织目的、管理方法、组织环境或条件等基本要素构成，也必须面对和解决这几个基本的问题：谁来管？管什么？为什么要管？怎么管？在什么情况下管？

现代农村管理是以农村基层党组织为核心的农村组织，为了有效解决“三农”问题，建设社会主义新农村，而在市场经济条件下对农村人力、物力、财力资源进行计划、指挥、组织和控制，对农村内部关系及农村与城市关系进行协调的活动过程。

三、我国农村管理具有的特点

（一）乡政村治

1983年10月，中共中央和国务院作出了政社分开，建立乡政府的决定，由此建立了“乡政村治”的治理结构。“乡政村治”，就是“乡政”与“村治”的“乡镇政权＋村委会制”二元治理结构。“乡政”，即乡（镇）政权是国家依法设在农村最基层一级的政权组织，其组织设置与县（或县级市）级组织相一致，采取上下对口、条块结合的组织原则。“村治”，即在乡（镇）以下的村庄，国家不设政权组织，而是依法设立村民委员会。村民委员会是农村基层的群众性自治组织，由村民直选村委会组成人员。

《中华人民共和国村民委员会组织法》第二条规定，村民委员会是村民自我管理、自我教育、自我服务的基层群众性自治组织，实行民主选举、民主决策、民主管理、民主监督。第四条规定，乡、民族乡、镇的人民政府对村民委员会的工作给予指导、支持和帮助，但是不得干预依法属于村民自治范围内的事项。

村民委员会协助乡、民族乡、镇的人民政府开展工作。

“乡政”、“村治”在性质上存在明显的差异：前者以国家强制力为后盾，具有行政性和集权性，是国家基层政权所在；后者则以村民意愿为基础，具有自治性和民主性，由村民自己处理基层社会事务。

《中华人民共和国村民委员会组织法》（以下称《村民委员会组织法》）第五条规定，村民委员会应当支持和组织村民依法发展各种形式的合作经济和其他经济，承担本村生产的服务和协调工作，促进农村生产建设和社会主义市场经济的发展。

村民委员会应当尊重集体经济组织依法独立进行经济活动的自主权，维护以家庭承包经营为基础、统分结合的双层经营体制，保障集体经济组织和村民、承包经营户、联户或者合伙的合法的财产权和其他合法的权利和利益。

村民委员会依照法律规定，管理本村属于村集体所有的土地和其他财产，教育村民合理利用自然资源，保护生态环境。

我国《村民委员会组织法》，在职能上一方面将村级组织界定为农村公共事务和公益事业的管理者，另一方面又将其界定为村民集体所有的土地和其他财产的管理者。作为独立经济实体的经营管理机构，村级组织的行为应符合经济效益最大化的市场经济内在要求。作为一个公共事务管理组织，村级组织必须将社会效益放在第一位。但是经济效益和社会效益的成本收益界定是很不一样的，村级组织不可能同时实现经济效益最大化和社会效益最大化的双重目标。在现实工作中，大多数村级组织首先将自己定位为一个公共事务管理组织，而把集体经济利益放在第二位。

（二）农民政治身份的嬗变

改革开放前，农民的政治权利运作更多是置于客体的身份。早在土地改革时期，依据新中国成立前掌握土地与财富的多少及有无剥削与剥削的程度，农民就被划分为贫雇农、中农、富农和地主。在以后历次的运动中，这种先赋性、继承性和不可更改性的特定社会阶级身份又不断被固化。每个人在本生产大队、本生产小队社会治理中只能按照一定的阶级身份在行政网络的统一安排下行动，作为个人的农户和作为阶级的农民都没有自主的权利，不得不消极服从并依赖于一定的行政权威。这种情况延续到农村实行分户经营和自由流动的改革后，农民开始以理性人的身份进入农村政治领域。1988 年，《村民委员会组织法(试行)》实施，从而拉开了村民自治的序幕。1998 年，经过修订后的《村民委员会组织法》得以通过，村民自治更进一步发展。2007 年党的“十七大”则第一次在党代会报告中，将基层群众自治制度列为中国特色社会主义的四大政治制度之一。

虽然传统习惯观念还制约着农民政治主体意识的充分发挥，也许在目前或相当长的一段时期内，还不能够形成一个民主的农村社会，但外在的约束隶属关系网络趋于打破，村民自治所主张和努力实现的以个人权利为本位、以国家法制为依据的政治文化理念和制度规范，正在培育农民的民主、自治精神，尊重个人权利的社会规则得到了较大程度的遵从，“村民自己管理自己”的理念日益深入广大农民心中。

(三)村民自治的实践重心由选举转向治理

20 世纪 90 年代以来，村民自治的实践重心从选举转向治理，尤其是进入新世纪以来，村民自治作为一种法律制度已经深入到广大农民的实际生活中，并逐渐内化为亿万农民不可剥夺和不可转让的民主权利，其发展重心已由组织重建转向权利保障。国家法律和中央政策也转向了村民参与农村公共事务的权利保障。党的“十六大”提出了“健全基层自治组织和民主管理制度，完善公开办事制度，保证人民群众依法直接行使民主权利，管理基层公共事务和公益事业，对干部实行民主监督”的要求，加大了村务公开民主管理的力度。党的“十七大”把发展社会主义民主政治确定为我党始终不渝的奋斗目标，充分肯定了基层民主建设对民主政治发展的重大作用，要求把发展基层民主作为发展社会主义民主政治的基础性工程重点推进，基层民主政治建设的地位更加突出。

各地在落实中央政策的过程中，针对农村基层社会矛盾，创造出一系列的解决干群矛盾、防止干部腐败的新机制，不断推进村民自治制度的发展与完善。

新型村级治理机制的建立，实现管理主体从单向管理向双向管理转变，管理方式从直接管理向间接管理转变，管理途径从行政管理向民主管理转变。

四、农村社会事业管理的内容

农村社会事业管理包括农村人口计划生育管理、农村教育管理、农村科技管理、农村公共卫生体育管理、农村社会保障管理、农村生态环境管理、农村文化宗教管理以及农村基层民主法制建设管理等方面。

（一）农村人口计划生育管理

中国是世界上人口最多的国家。2007 年底，中国总人口为 132 129 万人，其中，农业人口为 72 750 万人，占总人口的 55.06%，因此农村人口的变动和发展对整个中国社会都有着根本性影响。同时农村人口也是农村各种经济、社会、文化活动的主体，农村人口问题和农村的教育、文化、卫生等社会保障、农村社会治安以及农村基层民主建设等其他农村社会事业的发展都有着密切的关系。因此，在当前中国社会转型过程中，对农村人口的管理不仅有利于农村社会事业良好发展，也是整体国民经济健康运行的保证。另外，近年来，随着社会经济不断发展，大量农民工外出务工造成了我国农村流动人口激增，流动人口管理问题越来越成为我国农村人口管理的重点问题。现阶段,良好的流动人口计划生育管理有赖于多部门共同参与,建立以现居住地管理为主的工作体制、密切部门配合、强化综合治理、加强信息交流、实现资源共享等措施是可供参考、实施的选择。

(二)农村教育管理

农村教育是当前我国教育领域较为薄弱的环节,制约着我国今后农村经济社会的协调发展。发展农村教育,是提高农民群众文化素质的重要前提,也是促进农村发展、经济繁荣和社会进步的必要条件。当前,我国农村教育又面临新的困难和问题。因此,无论从现实情况看,还是从未来我国实现现代化发展战略和科教兴国战略宏观大局考虑,采取有效措施促进农村教育发展,是我国现阶段农村建设的重要任务。农村教育管理主要分基础教育管理、职业技术教育管理和成人教育管理,其中基础教育是指从学龄儿童入学到初中毕业阶段的九年教育,是农村普通教育的主体;职业技术教育管理是指使农业劳动力与后备劳动者获得现代农业知识与学会农业生产或工作技能技巧的一种教育,是为农村培养专业技术和管理人才的正规教育;成人教育是对全体村民进行科普知识、实用技能、思想政治、道德伦理、法律知识、医疗卫生常识等内容的教育和培训活动,包括村级教育、乡级教育和专门化教育3个层次。现阶段,必须逐步建立增加农业教育投资多元化体制、提高办学效益、加强对农村义务教育管理、建立健全农村留守儿童教育管理、实施参与式农民培训管理、大力推展农村社区教育管理等,为新农村建设培养优秀实用人才。

(三)农村科技管理

农业科技进步,是提高我国农产品国际竞争力、加快我国农业实现从传统农业到现代农业转型的关键举措。农业科技管理是运用管理科学的理论和方法，对各项科学技术活动进行组织和策划，从而实现农业增产、农民增收的目标。改革开放以来，我国农业科技管理事业取得了长足进步。但是，科学技术要转化为生产力，产生更大的社会效益和经济效益，还需要加强对科学技术的科学管理。现阶段，加大对农村科技投入，加强对农村科技事业管理是建设社会主义新农村的迫切需要。加大科技管理投入、加速农业科技成果转化和应用、完善农技推广体系、试行参与式农业推广方法以及发展农科教统筹结合是推动我国农村科技事业发展的重大举措。

（四）农村公共卫生体育管理

农村公共卫生管理是指对农村的保健、防疫、医疗等方面工作管理的总称。加强农村公共卫生管理，不仅对保护和增进农民健康具有重要意义，而且关系到农村经济的繁荣和发展。目前，我国农村公共卫生状况还很不理想，卫生环境较差，公共卫生资源不足，预防保健功能逐渐弱化，医疗保障体系不健全等问题严重制约着我国农村居民的健康和发展。农民看病难、看病贵、因病致贫、因病返贫现象严重。2011 年，国家六部委抽样调查显示，“看病难、看病贵”问题已仅次于“收入问题”，是中国居民最关心的话题。因此，在加快农村经济发展的同时，大力推进农村卫生事业发展，提高农民健康水平不仅是我国政府向“服务型”政府转变的内在要求，也关系着广大农民群众最基本的生命权、健康权，是农民最迫切的基本需求。同时，大力发展农村体育事业、广泛开展农村体育活动，也可以提高广大农民群众的健康素质，对农村卫生事业发展起着辅助作用，是推动社会主义新农村建设的一项重要举措。

（五）农村社会保障管理

社会保障在我国农村社会稳定和社会发展中发挥着重要作用。建立和健全农村社会保障制度，不仅可以使农村弱势群体获得最基本的生活条件，有效减少贫困现象，缓和社会矛盾，稳定社会秩序，而且能够较好地解决农村老年人口生活保障问题，提高人们实行计划生育的自觉性，缓解人口老龄化的压力，促进社会经济稳定运行。长期以来，我国社会保障一直呈现城乡二元化结构特征，农村社会保障处于中国社会保障体系边缘，农村社会保障体系缺乏。随着农村经济发展和农村社会的转型，建立和完善农村社会保障体系，是建设社会主义新农村的重要内容，也是解决我国“三农”问题的重要途径，对农村小康社会建设和农村经济发展具有重要意义。另外，随着我国现代化进程的加快，农村中失地农民和外出务工农民的社会保障问题越来越成为社会关注的重点，采取有效措施解决好失地农民和农民工的社会保障问题是当前我国农村社会保障的重要任务之一。

（六）农村生态环境管理

环境是人类生存的载体，保护环境是人类不可推卸的责任。近年来，随着工业化进程的加快、人口的迅速增长和人类改造自然力度的加大，农村环境问题日益突出。目前，我国农村生态环境问题包括现代化农业生产造成的农业污染，乡镇企业布局、管理不当造成的工业污染，管理滞后造成的生活污染。在很多地区同时存在着点源污染与面源污染共存，生活污染和工业污染叠加，新老污染相互交织，工业及城市污染向农村转移的严重问题。日益恶化的农村生态问题已经给我国农村发展和农民健康造成很大危害，因此积极采取有效措施，加大污染防治与治理力度，改善农村生态环境与人居环境是建设社会主义新农村的必然要求。

（七）农村文化宗教管理

农村文化事业在我国农村居民社会生活中有着不可替代的地位，是我国社会主义新农村的有机组成部分之一。加快农村文化建设，是提高农民的文化素养，丰富农民的精神生活，促进农村精神文明建设，构建农村和谐社会的重要举措。随着社会经济发展，农民文化需求也在迅速增长，因此，农村基层政府要通过多种形式筹集文化事业建设经费，建设和完善公共文化设施，同时加强对农村文化市场管理，保障农村文化市场健康发展。另外，采取相关措施促进我国宗教事业稳定协调发展，对保障我国民族团结、维护社会稳定、促进经济发展都具有重要意义。因此，基层政府必须通过加强农村公共文化基础设施建设，如大力推进广播电视“村村通工程”、开展农村数字化文化信息服务、加强农村文化人才队伍建设、建立以农民实际需求为导向的文化体制、以合作社文化为基础，带动农村文化的全面发展、完善农村文化管理服务机制、建立健全宗教工作网络等措施来推动我国农村文化宗教事业发展，为建设社会主义新农村提供文化支持。

（八）农村基层民主法制建设管理

农村基层民主法制建设，是党领导广大农民群众在经济、政治、文化和社会生活领域直接行使民主权利的制度建设和实践活动，是实施依法治国方略的基础工程，是我国社会主义民主政治建设的重要组成部分。扩大基层民主，完善村民自治，进一步加强农村法制宣传教育，提高农民的法律素质，采用各种手段维护农村社会的秩序稳定，实施农村群体性突发事件的良好管理对维护农村“改革、发展、稳定”的大局，促进农村物质文明、政治文明、精神文明的协调发展，推进全面小康社会的建设具有重要意义。

第二节 目前我国农村管理中存在的问题

一、基层组织建设有待进一步加强

当前农村基层组织建设存在的问题，突出表现在以下几个方面。

第一，组织比较涣散，公共事务基本无人过问。

第二，在农村新旧体制转换过程中，对于组织群众发展经济、发展公益事业以及为农户提供各种社会化服务无暇顾及。

第三，干群关系不是很和谐。一些村级组织仍存在沿用政治和行政手段的做法，管理方式陈旧，工作方法简单粗暴。

第四，部分农村基层干部文化素质偏低，党员队伍老化与后备队伍缺乏问题突出。

第五，少数农村基层党组织忽视了党员思想建设，有的党员观念退化，在群众中起不到先锋模范的积极正面引导作用。

第六，多数行政村呈现"空壳村"现象，党组织缺乏带领群众脱贫致富的必要条件。

第七，经济发展导致农村党员流动量增大，传统党小组设置的弊端日显突出。

第八，农民的劳动方式和农村管理方式的变化增加了农民组织管理的难度。有些村长期不开村民大会，党的方针政策不能及时传达贯彻到群众中去，思想教育工作大为弱化。

上述情况在相当多地区的农村不同程度地存在着。在村党支部以及村民委员会等村组织建设软弱涣散的同时，一些宗族势力、非法宗教势力以及黑社会趁机而入，占领了农村阵地。农村基层党员干部队伍总体素质与农村经济发展不相适应。

二、土地制度管理不规范

进入 20 世纪 90 年代以后，随着中国农村经济的发展和改革的深入，现行农村土地制度的种种缺陷也日益显现，主要表现在以下几方面。

第一，农地产权主体模糊，产权关系不明，所有权权能欠缺，使用权不稳定。

第二，所有权和使用权相分离的情况制约了土地使用权的流转和集中。

第三，农地均分的土地细碎化现象突出，农户的土地经营规模不断缩小。

第四，承包地变动频繁。1978 年以来，农户的承包土地平均被调整过 3.01 次，至少有 60％的农户经历过土地调整。由于承包合同不完善，土地承包关系变动过于频繁，以及村干部长期超标占用土地或者强占机动地等原因，使得部分地区农村干群关系比较紧张，有的甚至达到了非常对立的地步。

三、农村基础设施建设资金难以统筹使用

由于我国长期以来实行城乡分割的二元体制造成的城乡非均衡的公共产品供给制度，在农村实行了有别于城市的农民自给自足型的供给制度，农民生产生活所需的公共产品在很大程度上由农民自己解决，导致了在农村基础设施建设中存在大量问题。这些亟待解决的问题，主要表现在以下几方面。

第一，农村基础设施薄弱。近年来，我国虽然加大了对农村基础设施建设的投入，但农村安全饮水、公路建设、用电以及清洁能源等基础设施的建设仍存在不足。

第二，农村基础设施结构仍需调整。从发展农业生产的角度看，直接改善农业生产条件的基础设施建设投入仍然不足。

第三，基础设施管理和利用不高。基础设施维修保养不足、总量不足与局部浪费并存，多头管理、互相不配套现象严重。

第四，建设资金严重短缺。在农村基础设施建设上，国家资金投入有限，地方财政投入困难，现有资金总量不足，而农民自身经济实力与自我发展能力弱，从而使农村公共产品供给资金更得不到有效保障，造成了农村公共产品总量少、质量低等突出问题。

四、低价征地是当前损害农民利益的最突出问题

低价征地已成为新时期“以农养工，以乡养城”的一种新形式。来自江苏省的调查表明，在农地转用增值的土地收益分配中，政府大约得60%～70%，农村集体经济组织得25%～30%，而农民只得5%～10%。我国正处在快速的工业化和城镇化进程中，大量农业土地转化为城市用地。据估计，目前，失去土地或部分失去土地的农民高达4 000万～5 000万人，引发的社会矛盾不断加剧。从制度和法律上保证农民的土地权益是当前的工作重点。

五、农民市场谈判地位低，合作组织发展缓慢

长期以来，农民在市场谈判中所处的地位低下，没有主动权，且专业经济合作组织在农村的发展比较缓慢。主要表现在

以下几个方面。

第一，农民市场主体地位与谈判地位低。农民、经销商和龙头企业是农产品市场和产业发展的三大主体。当3个市场主体发生利益冲突时，农民的声音最小，市场主体地位与谈判地位往往最低。农民在生产前签订购销合同（订单）的不多，多是先生产农产品，再寻找收购者。

第二，农民分散、小规模的经营问题突出。不仅在农产品规格上不统一，质量难以保证，不易形成固定的品牌，而且农民过小的活动半径很难实现产品的远距离销售。

第三节　农村社会事业管理的含义、特征和内容

一、农村社会事业管理的含义

农村社会事业管理是指农村各级基层政府根据国家的法律、政策和我国农村社会经济协调发展的规划，对农村的人口和计划生育、教育、医疗卫生、社会保障、科技、文化宗教、生态环境以及基层民主等社会事业的发展进行组织、规划、指挥、协调和控制，从而保障农村社会良性运行的社会活动。

从这个定义中可以看出，在实施农村社会事业管理中需要注意以下几个方面。

（1）农村社会事业管理的主体是各级基层政府。由于农村社会事业管理的对象是类似公共医疗安全、义务教育、生态资源环境、社会保障等各种公共物品，其基本目标是为了满足社会成员的普遍需要，任何一个社会成员或企业、单位都不具备充当责任主体的能力和资格。而政府掌握着农村社会的资源，并具备

行政执法的权力，因而只有政府才有能力向社会提供这些公共产品。此外，在农村社会事业发展过程中，政府必须制定法律、法规和政策，规范和引导社会事业的发展。

（2）农村社会事业管理的前提是国家的法律、政策和农村社会经济协调发展的规划。基层政府在实施农村社会事业管理时必须遵守国家的法律、政策并且必须根据当地社会经济发展的规划，制订出科学合理的发展目标和管理机制，绝对不能脱离各地的实际情况，靠个人意志和主观臆断来进行安排。只有这样，农村社会事业管理机制才能符合现实的要求，才能保证农村社会事业管理有效地运行。

（3）农村社会事业管理具有公共性，是一项需要全社会参与的系统工程。这种参与性一方面表现为公众对社会事业管理决策过程的影响，通过法律法规对社会事业管理行为的约束，以及通过各种渠道对社会事业管理进行监督；另一方面也表现为公众通过一定的非政府组织对一定层次和内容的社会事业进行管理。因此，各地政府在管理活动中，应该改变以往对各项社会事业全面包揽的状况，按照以政府为主导、全社会广泛参与的原则，转变职能，下放权力，构建“小政府、大社会”的管理框架，积极培育农村各种社会组织，使其承担一部分社会事业管理的职能。

总之，加快农村社会事业发展步伐，需要坚持以科学发展观为统领，融入新农村经济建设、政治建设、文化建设和社会建设的大局，转变发展观念和创新发展模式，以提高基本公共服务供给能力为主要任务，以公共财政为支撑，以体制改革为动力，坚持普及与提高并举，努力促进农村居民的全面发展。

实现上述发展目标，应把握四项原则：一是坚持基本公共服务均等化。按照构建和谐社会的要求，树立社会公平的理念，着力调整国民收入分配结构，扩大公共财政覆盖农村的范围，切实转变公共服务供给的城乡二元结构，促进人人享有基本公共服务。二是坚持政府主导。强化政府在市场经济条件下的社会管理和公共服务职能，确立政府推进农村社会事业发展的主导地位，从人力、物力、财力各个方面为发展农村社会事业提供保障。三是坚持农民自主参与。以满足农民需求为出发点和落脚点，把农村社会事业发展与农村群众的切身利益紧密结合起来，尊重农民意愿和首创精神，在政府的支持和引导下，发挥村民自治组织作用，充分激发农民在公共服务决策、投入、管理、监督中的主动性和自觉性。四是坚持统筹规划。本着因地制宜、分类指导、分步实施的方针，以规划为先导，整合资源，突出重点，兼顾当前与长远、需要与可能，统筹发展农村社会事业。

二、农村社会事业管理的特征

虽然都隶属于管理学科，但是不同于企业管理和行政管理，农村社会事业管理具有其自身的特征。

（一）非营利性

企业作为提供私人物品的组织，以实现利润最大化为管理的根本宗旨，而农村社会事业管理的基本目标是运用公共权力和公共资源为农村居民的生存和发展创造条件，更好地满足农村居民的各种需要。农村社会事业管理不以营利为目标，更多地追求社会整体的和长期的效益，如提供给农村居民以环境保护、文化教育、基础设施等领域的投资和管理。一般情况下，农村居民可以无偿享受这种服务，不需要缴纳任何费用。农村社会事业管理的这种非营利性决定了各地政府在实施农村社会事业管理时，不能把营利当作管理的目标，靠提供公共产品或公共服务来谋取利益，同时也不能滥用权力，以权谋私，影响干群关系，损害人民公仆的形象和威信，而应该转换政府管理职能，由管理型政府向服务型政府转变，努力为农民提供高质量的公共服务。

（二）计划性

发展农村社会事业，必须根据本地的社会经济发展水平，制订出合理可行的计划。计划在农村社会事业管理中具有极其重要的作用，它不仅是社会事业活动的基本依据，使社会事业管理具有明确的目标和方向，而且是社会事业管理工作绩效评价的基本依据。社会事业的计划包括 3 个方面：一是合理确定各项社会事业发展目标和工作重点，在规模、速度、比例等方面搞好综合平衡，使各项社会事业的发展与国民经济的发展水平和农村居民的实际需要相适应；二是根据国民经济和社会发展的总体目标，研究制定一些相应的政策措施，以确保经济、社会良性发展和具体目标的实现；三是合理利用人力、物力和财力，取得最佳的社会效益和经济效益。

社会事业计划可分为长期计划、中期计划和短期计划。短期计划是长期计划的具体化，主要解决社会事业发展中直接遇到的问题；长期计划着眼于长远的公共需要和公共利益。

（三）强制性

农村社会事业管理的强制性是由我国现实情况决定的。一方面，现阶段我国农村仍然是分散的小农经济占主导地位，小农经济的自私性和狭隘性往往对农村公共产品缺乏热情，甚至对社会事业发展形成一定的阻力；另一方面，目前，我国农村仍然存在着条块分割的统治格局，各部门和系统在考虑社会发展计划时,从本位出发,考虑本部门和本系统利益。在这种情况下,迫切需要政府运用公共权力来统一规划,统筹安排社会事业的运行和管理。社会事业管理过程中大量的立法、政策及规章制度等,都体现着程度不同的强制性,如基础设施、公共服务的价格管制,基础教育、社会保障、卫生服务的法律规定等,都具有较大的强制性。但社会事业管理的强制性并不意味着管理者可以随心所欲地运用公共权力,而是要在遵守有关法律、法规的前提下进行管理活动,做到公正、公开和公平。

（四）复杂性

社会事业管理的复杂性是由农村社区人口要素和社会心理要素所决定的。社会事业管理涉及农村社会活动、社会关系的各个方面,涉及农村社区各种不同阶层,因此比较复杂。以人口管理为例,近年来,农村外出务工人数越来越多,人口流动越来越频繁。但是,目前还没有形成全国流动人口管理"一盘棋"格局,流动人口管理体制和工作机制还不健全,致使流动人口计划生育管理工作面临着很大的困难。此外,长期以来形成的"重男轻女"、"多子多福"的观念,在我国农村地区还普遍存在,人们的生育意愿与现行生育政策还存在一定的差距,这在客观上加大了计划生育工作的难度。社会事业管理的这个特点,决定了它不仅需要各级政府部门配合与协调行动,也需要农村居民广泛支持和参与。

第二章　农村人口与计划生育管理知识

第一节　农村人口概述

一、农村人口基本特征

农村人口是指一定时期内居住在农村区域内的一定数量和质量的人口总称。目前,我国处于社会转型的重要时期,在工业化和城镇化驱使下,农村劳动力出现了大量转移,我国农村人口现状除了表现出人口基数大、比重高、自然增长率高、科技文化素质低等传统特性外,也呈现出农村人口的老龄化、大量农村流动人口和农村留守人口等现代化的特征。

二、农村人口结构特征

农村人口结构是农村人口的一个重要方面,是指依据农村人口所具有的不同质的规定性来划分的农村总人口内部各个组成部分的比例关系及其相互关系。根据农村人口结构的自然、经济和社会的不同属性,可以将其划分为农村人口自然结构、经济结构和社会结构。农村人口自然结构是按人口的自然特征来划分的,是农村人口最基本的结构,包括年龄结构、性别结构和地区结构。其中农村人口自然结构的变动对农村人口再生产的规模和速度，对农村人口的总体发展具有基础性的影响，对农村经济社会的发展都具有极其重要的作用。它是农村乃至国家人口进行预测、制定人口发展战略和相应人口政策以及制定农村社会经济发展规划的重要依据。

（一）年龄结构特征

农村人口的年龄结构是指按年龄组划分的农村人口（0～14岁、15～64岁、65岁及以上3个年龄组）及其在总人口中的比例关系。其中，0～14岁少儿人口、65岁及以上人口统称为被抚养人口，15～64岁称为劳动人口。在经济社会的发展中，不同年龄结构的人口在人口结构体系中的作用是不相同的。掌握人口年龄结构有利于制订各种社会发展规划和社会服务计划，有利于把握由人口结构建构起来的各种社会关系和社会力量构成的变化，这些都对我国农村社会事业的管理和发展起着重要的指导作用。

（二）性别结构特征

人口的性别结构是指人口中男女两性各自所占的比重，它是决定人口自然变动的一个基本要素，包括出生人口性别比、总人口性别比和分年龄人口性别比。

出生人口性别比是人口性别结构的基础和出发点，反映的是出生婴儿中男婴与女婴数量上的比例关系。也就是一定时期内，一定地域内的活产婴儿中，每出生100名女婴相应出生的男婴数量。根据研究者们长期观察的结果，在未受到干预的自然生育状态下，不同时期、不同地区和不同国家的出生人口性别比例相对稳定，并十分近似的分布在103.0～107.0。而2005年我国1%人口抽样的数据显示：我国农村出生人口性别比严重失衡，0～4岁组人口性别比为125.42，0岁组性别比为121.21，比国际上普遍公认的103.0～107.0高出了十多个百分点。

（三）地区结构特征

我国农村地域广大、幅员辽阔，受自然、地理、社会和历史等因素影响，农村人口地区分布极不均衡。主要表现在以下几个方面。

第一，东南部地区和西北部地区分布不均衡。以黑龙江省瑷珲县至云南省腾冲县为界，东南部地区，农村国土面积为390.1万平方千米，仅占全国农村面积的41.7%，而分布在其上的农村人口却占全国总农村人口的91%，人口密度高达198人/平方千米；我国西北部农村地区，农村土地面积达到545.1万平方千米，占全国农村面积的58.3%，只居住着占全国农村人口8.9%的农村居民，每平方千米人口密度只有13人，从这组数据中看出，我国东南部地区和西北部地区的人口密度几乎相差15.2倍。

第二，沿海地区和内陆地区分布不均衡。离海岸线越近的地区（即沿海地区），农村人口密度越大，离海岸线越远的地区（即内陆地区），农村人口密度越小。根据1990年的统计数据，我国沿海6省1区3市的农村人口密度每平方千米达到252人，而内陆地区17个省区的农村人口密度每平方千米只有62人。若以离海岸线200千米以内的人口密度为100计算，那么距离海岸线200～500千米内的人口密度为48.8人，500～1 000千米内为35人，1 000千米以上为5.2人，由此可以看出，离海岸线越远的农村地区人口分布越少。

第二节　农村人口管理概述

一、农村人口管理的含义和目标

农村人口管理是一项综合性很强的管理活动，涉及政策的制定、管理的实施、监督、反馈、调节等一系列活动，只有把这些相关活动结合起来作为一个整体进行管理，才能解决我国农村人口的管理问题。

自实行计划生育政策以来，我国农村在人口控制方面取得的成就举世瞩目，但是，人口规模庞大、人口素质较低、人口结构不合理的问题仍然是困扰我国农村社会经济发展的难题。今后我国农村人口管理政策的制定仍然要着力解决上述问题。因此，严格控制人口数量、大力提高人口质量、逐步调整人口结构是今后我国农村人口管理的目标。

二、农村人口管理的内容

按照人的生命周期理论，一般情况下，每个人都会经历出生、婚姻、生育、死亡等过程，与此相对应，以实现某一特定目的为目标的农村人口管理，就表现为人口计划管理、计划生育管理、婚姻家庭管理、人口登记管理和统计管理、丧葬管理等各个方面。另外由于农村大量流动人口的存在，流动人口管理也是现阶段农村人口管理的重要内容。

第三节　农村计划生育管理

一、农村计划生育概况

（一）我国实施计划生育政策的意义

（1）生育率大幅下降。20世纪70年代以来，中国的计划生育事业取得了举世瞩目的成就。1971—1998年，我国累计减少出生人口3.38亿，节省社会抚育费714万亿元，相当于我国1997年的国内生产总值。其中，家庭节省的少年儿童抚养费为6.4亿元，国家节省的儿童抚养费为1.0万亿元，相当于1997年我国全社会固定资产投资（215万亿元）的40％。全国人口出生率由1952年的37‰，降低到1978年18.25‰，进一步下降到2005年的12.4‰。农村出生率也由1957年的32.38‰，下降到1987年的18.91‰，再到1999年的16.13‰。我国总和生育率从20世纪60年代的6.0左右下降到目前的1.3左右。

（2）经济发展水平得到提高。生育率的下降为我国人民生活状况和整个社会的经济发展提供了基础。实施计划生育下的经济发展速度明显快于不实施计划生育的经济发展，1971—1998年，我国国内生产总值，人均国内生产总值按当年价格计算，分别增长了32.4倍和21.8倍，如果不实施计划生育，则只能增长10.6倍和5.3倍。

（二）我国农村计划生育管理的阻碍因素

尽管实施计划生育政策有利于整个国民经济的运行，同时对农民自身的收入水平和生活质量的提高也有着重要作用，但我国农村的计划生育工作仍然困难重重，农村计划生育工作被

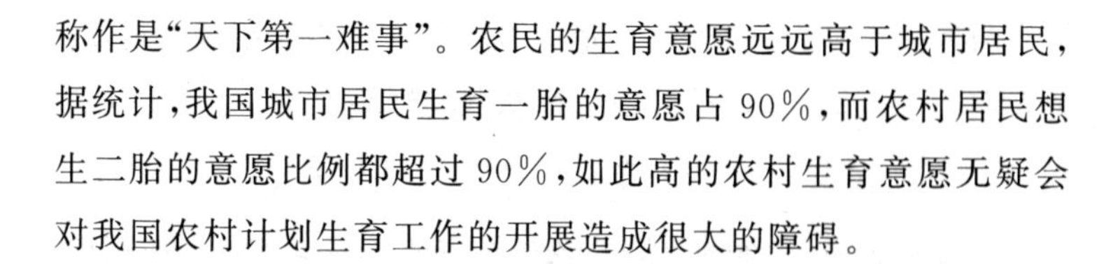

称作是“天下第一难事”。农民的生育意愿远远高于城市居民，据统计，我国城市居民生育一胎的意愿占 90%，而农村居民想生二胎的意愿比例都超过 90%，如此高的农村生育意愿无疑会对我国农村计划生育工作的开展造成很大的障碍。

二、加强农村计划生育管理的措施

（一）将社会制约机制和利益导向机制结合

我国的计划生育管理机制分为社会制约机制和利益导向机制，其中社会制约机制是指以计划生育政策法规为准则，以经济制约为主要手段，以综合治理为保证建立起来的法规制约、经济制约、行政制约等全方位的制约体系。而计划生育利益导向机制，是指政府从宏观社会经济政策的制定上采取综合措施，充分利用经济杠杆，通过对独生子女领证户和二女结扎户家庭进行奖励、优待、帮扶、保障及限制、制约等手段，使实行计划生育的家庭得到多方面的优惠、优待和照顾，使不符合法定条件而生育多子女的公民受到多方面的限制和制约，重新调整各项经济文化活动所涉及的分配，其目的就是要让实行计划生育的家庭在政治上有地位，经济上有实惠，生活上有保障。当前计划生育利益导向机制主要内容是政策倾斜、社会保障和帮助扶持致富、开展生产服务、生活服务、生育服务。

过去我国的计划生育工作都是依靠强有力的行政手段和经济处罚等限制性措施为主，把群众视为管理对象，工作方法简单粗暴，手段比较强硬。强迫命令、急风骤雨式的工作方法盛行，做计划生育对象的思想工作也是“通不通，三分钟”，这种强制性的做法效果很明显，但同时也造成了我国干群关系的紧张，因此在目前形势下，仅仅靠社会制约机制不可能取得理想的效果，必须将两者紧密结合起来，建立完善的计划生育利益导向机制，改变人们的生育观念，促进计划生育的顺利开展。

(二)完善农村计划生育家庭经济供养体系

在我国农村，传统的家庭养老是最主要的养老方式，据统计，农村老年人靠家庭养老的占92%。随着时间的推移，最初施行计划生育政策的夫妇已经步入壮年后期，农村计划生育养老问题悄然而至。这些响应农村计划生育号召的夫妇是农村中为国家和长远利益而牺牲家庭和眼前利益的先进群体，在养老问题上帮助他们解决面临的具体困难，有利于推动农村养老由传统模式向现代方式的转变，也有利于计划生育工作在农村进一步深入开展。如果政府不给这些家庭以政策性的补偿，他们在养老问题上将逐渐成为农村的弱势群体，而国家有关计划生育的政策，在其富民性和说服力上也将大打折扣，因此建立和完善农村计划生育家庭经济供养体系十分必要。

(三)提高干部素质

高素质的人口计划工作队伍是农村计划生育管理工作的前提。基层计生干部是计划生育的主力军，必须采取有力措施，加强基层计生干部队伍建设，不断提高计生干部的政治和业务素质，增强计生干部整体工作能力，为做好人口与计划生育工作提供强有力的保证。农村基层政府应不断加强对计划生育干部的培训，提高其理论水平和专业知识水平，以便更有效地开展计划生育工作。

三、人口和计划生育专门法律法规及文件

(一)国家级法律法规及文件

中共中央、全国人大、国务院及有关部委、人口和计划生育

行政部门制定的决定、法律、法规、规章和文件。

(1)中央决定，如中共中央、国务院《关于全面加强人口和计划生育工作统筹解决人口问题的决定》。

(2)《人口与计划生育法》。

(3)计划生育技术服务管理条例及配套规章、文件。

(4)流动人口计划生育工作条例及配套规章、文件。

(5)其他人口和计划生育科技管理文件。

(二)省级文件

省委、省人大、省政府、省人口和计划生育领导小组及有关厅局、人口和计划生育行政部门制定的有关人口和计划生育工作的决定、法规、规章和文件。

(1)省委、省政府《关于全面加强人口和计划生育工作统筹解决人口问题的意见》等。

(2)省级人口与计划生育条例,实施细则及配套规章、文件等。

(3)省政府颁行的省人口与计划生育条例实施细则。

(4)省级人口和计划生育行政部门制定的相关文件等。

(三)设区市级文件

设区市级党委、政府、人口和计划生育领导小组及有关局办、人口和计划生育行政部门制定的相关文件。

(四)县级文件

县级党委、政府、人口和计划生育领导小组、人口和计划生育行政部门制定的相关文件。

(五)乡级文件

乡级党委、政府、人口和计划生育领导小组、计划生育办公室制定的相关文件。

（六）村级有关规定

四、与人口和计划生育科技管理有关的其他领域文件

（1）医药卫生方面的法律法规及规章和文件。

（2）人力资源和社会保障、发展改革、财政、物价、科学技术等领域的法律、法规、规章和文件。

（3）其他有关的法律、法规、规章和文件。

五、人口和计划生育行政部门科技管理职能

各级政府及编制办公室对各级人口和计划生育行政部门确定的“三定”方案中规定的行政管理职能，是人口和计划生育科技管理的重要依据。在管理职能中，对科技管理职能作了具体明确规定。

（一）国家人口和计划生育委员会科技管理职能

组织实施人口和计划生育科学研究的总体规划；拟订计划生育技术服务发展规划并监督实施，协同有关部门降低出生缺陷人口数量；研究和依法规范计划生育药具管理制度；推动实施计划生育的生殖健康促进计划；承担依法公布计划生育技术服务信息工作。

科学技术服务司设 3 个职能处：科学研究处、技术管理处、出生缺陷预防处。

1．科学研究处

组织编制、实施人口和计划生育科学研究中长期规划与年度计划；组织实施人口和计划生育生殖健康研究项目，指导管理国家和委级重点科研机构与科研基地；指导行业科技体制改革

和科研成果管理及科技奖励工作；及时公布有关计划生育科学研究的重要信息；承办科技专家委员会的日常工作和科技专家库的管理工作；承办司内文秘工作。

2. 技术管理处

负责计划生育技术服务的综合管理和监督；拟订并组织实施计划生育的生殖健康促进计划；拟订计划生育技术服务管理、药具管理的政策、法规、规章、规范和标准；指导、监督计划生育技术服务、基层网络建设和科学普及工作；及时公布有关计划生育技术服务的重要信息；参与艾滋病预防工作。

3. 出生缺陷预防处

研究提出提高出生人口素质的政策建议；协同有关部门降低出生缺陷人口数量；拟订出生缺陷一级预防的规章、规范和标准；指导各地开展出生缺陷一级预防工作；协调和管理出生缺陷预防的重大科学技术研究项目。

（二）省级人口和计划生育委员会科技管理职能

1. 省级人口和计划生育委员会综合科技管理职能

（1）组织实施人口和计划生育科学技术研究的总体规划，依法管理人口和计划生育技术服务工作，依法公布有关计划生育科学研究和技术服务重要信息，依法规范计划生育药具管理工作。

（2）推动实施计划生育生殖健康促进计划，提高人口素质，协同有关部门降低出生缺陷人口数量。

（3）负责全省人口和计划生育工作的国际交流与合作有关工作，负责人口和计划生育国际援助项目实施的有关工作。

2. 科学技术服务处管理职能

组织编制并实施人口和计划生育科学技术研究计划；规范

管理人口和计划生育技术服务体系建设；指导、规范计划生育药具管理工作；协同有关部门做好降低出生缺陷人口数量，提高出生人口素质工作；推动和组织实施计划生育生殖健康促进计划；负责计划生育科学技术国际合作项目管理；依法公布计划生育科研和技术服务信息。

（三）市、县、乡、村级人口和计划生育部门科技管理职能

1. 人口计生委（局、办）科技管理职能

市、县、乡、村级按照有关文件规定，对人口和计划生育部门都规定了管理职能。管理职能参照省级人口和计划生育委员会科技管理职能制定。

2. 科技科、科技股科技管理职能

市、县、乡、村级按照有关文件规定，对其所属的科学技术管理机构确定了管理职能。管理职能参照省级人口和计划生育委员会科技管理机构职能制定。

第三章　农村土地资源管理知识

第一节　农村土地资源管理概述

一、土地资源类型

（一）土地资源的相关概念

土地资源是在目前的社会经济技术条件下可以被人类利用的土地，是一个由地形、气候、土壤、植被、岩石和水文等因素组成的自然综合体，也是人类过去和现在生产劳动的产物。因此，土地资源既具有自然属性，也具有社会属性。

（二）土地资源分类

从我国的实际情况出发，同时借鉴国外一些发达国家的经验，《中华人民共和国土地管理法》将我国土地分为三大类，即农用地、建设用地和未利用地。

农用地是指直接用于农业生产的土地，包括耕地、林地、草地、农田水利用地、养殖水面等。

建设用地是指建造建筑物、构筑物的土地，包括城乡住宅和公共设施用地、工矿用地、交通水利设施用地、旅游用地、军事设施用地等。

未利用地是指农用地和建设用地以外的土地。

二、土地产权制度

(一)土地产权

土地产权是指以土地所有权为核心的土地财产权利的总和,包括土地所有权及与其相联系的和相对独立的各种权利,如占有权、使用权、经营权等。

(二)土地所有权

土地所有权,又分为国有土地所有权、集体土地所有权两种类型。他项权利,包括地上权、地下权、耕地权等一系列同土地有关的使用权。

(三)国有土地所有权

根据《土地管理法》第8条和《土地管理法实施条例》第2条规定,下列土地属于全民所有土地即国家所有土地:①城市市区的土地;②农村和城市郊区中已经依法没收、征收、征购为国有的土地;③国家依法征用的土地;④依法不属于集体所有的林地、草地、荒地、滩涂及其他土地;⑤农村集体经济组织全部成员转为城镇居民的,原属于其成员集体所有的土地;⑥因国家组织移民、自然灾害等原因,农民成建制地迁移后不再使用的原属于迁移农民集体所有的土地。

(四)集体土地所有权

集体所有制,实际上是指土地的农民集体所有制,表现在土地所有权上就是农民集体的土地所有权。

劳动群众集体对属于其所有的土地依法享有的占有、使用、收益和处分权利,是土地集体所有制在法律上的表现。集体土

地所有权的主体只能是农民集体，依农民集体的所属不同，可以将集体土地所有权划分为3种：①村农民集体土地所有权；②乡（镇）农民集体土地所有权；③村内两个以上农村集体经济组织的土地所有权。

三、土地行政管理体系

1998年，国务院将原地矿部、国家土地管理局合并，成立国土资源部，这意味着国家将原来地上、地下分头管理的机构合二为一，更加有利于加强土地这一复杂资源的管理。

国土资源部中的执法监察局、规划司、耕地保护司、土地利用司、地籍管理司等接管了原国家土地管理局的绝大部分权力和职能，对全国城乡土地实行统一管理，负责对土地的产权、地政、地籍、规划、计划使用、保护等行政管理和国有土地出让的组织、落实。

四、征地补偿制度

（一）土地征用

土地征用是指国家为了社会公共利益的需要，依据法律规定的程序和批准权限批准，并依法给予农村集体经济组织及农民补偿后，将农民集体所有土地使用权收归国有的行政行为。国家行政机关有权依法征用公民、法人或者其他组织的财物、土地等。

行政征收与行政征用的区别主要是：行政征收取得的是财产所有权，而行政征用取得的是财产使用权。

（二）土地征收

土地征收是2004年宪法修正后的新词汇，“土地征收”和

"土地征用"两个概念,有些人认为二者没有实质区别,只是表述不同。实际上,二者既有共同之处,又有不同之处。共同之处在于,都是为了公共利益需要,都要经过法定程序,都要依法给予补偿。不同之处在于,征收的法律后果是土地所有权的改变,土地所有权由农民集体所有变为国家所有;征用的法律后果只是使用权的改变,土地所有权仍然属于农民集体,征用条件结束需将土地交还给农民集体。简言之,涉及土地所有权改变的,是征收;不涉及所有权改变的,是征用。

(三)征地补偿

征收集体所有的土地,应当支付土地补偿费、安置补助费、土地附着物补偿费等费用,并足额安排被征地农民的社会保障费用,维护被征地农民的合法权益,保障被征地农民的生活,征收单位、个人的房屋及其他不动产,应当给予拆迁补偿,维护被征收人的合法权益;征收居民房屋的,还应当保障被征收人的居住条件。

第二节　农用地管理制度

农用地是指直接用于农业生产的土地,包括耕地、林地、草地、农田水利用地、养殖水面等。

一、基本农田保护

基本农田,是按照一定时期人口和社会经济发展对农用产品的需求,依据土地利用总体规划确定的不得占用的耕地。基本农田是耕地的一部分,而且主要是高产优质的那一部分耕地,因此并不是所有的耕地都是基本农田。

《中华人民共和国土地管理法》《基本农田保护条例》和国土资源部制定的有关规章对基本农田保护制度作了规定。这些制度概括起来主要有以下几个方面。

（一）基本农田保护规划制度

各级人民政府在编制土地利用总体规划时，应将基本农田保护作为规划的一项重要内容，明确基本农田保护的布局安排、数量指标和质量要求。

（二）基本农田保护区制度

县级和乡（镇）土地利用总体规划应当确定基本农田保护区。保护区以乡（镇）为单位划区定界，由县级人民政府设立保护标志，予以公告。

（三）占用基本农田审批制度

基本农田保护区经依法划定后，任何单位和个人不得改变或者占用。国家能源、交通、水利、军事等重点建设项目选址确实无法避开基本农田保护区，需要占用基本农田的，必须报国务院批准。

（四）基本农田占补平衡制度

建设占用多少基本农田，就必须补划数量相等、质量相当的耕地，确保本行政区域内土地利用总体规划确定的基本农田面积不减少。

（五）禁止破坏和闲置、荒芜基本农田制度

禁止任何单位和个人在基本农田保护区内建窑、建坟、挖砂、采石、采矿、取土、堆放固体废弃物或者进行其他破坏基本农田的活动；禁止任何单位和个人闲置、荒芜基本农田；禁止任何单位和个人擅自占用基本农田发展林果业和挖塘养鱼。

（六）基本农田保护责任制度

县级以上地方各级人民政府都要承担基本农田保护的责任。要通过层层签订基本农田保护责任书，将基本农田保护的责任落实到人、落实到地块，并作为考核政府领导干部政绩的重要内容。

（七）基本农田监督检查制度

县级以上地方人民政府应定期组织土地、农业及其他有关部门对基本农田保护情况进行检查，发现问题及时处理或向上级人民政府报告。

二、标准农田建设

标准农田建设是指通过土地整理等方法，对农田进行土地平整和田间水利、田间道路、田间防护林等建设，达到田成方、渠相通、路相连、林成网，水灌得进、排得出的要求，使农田生产条件得到明显的改善。

具体标准如下。

(1)土地连片集中，每畈面积在200亩（15亩=1公顷。全书同）以上。

(2)农田格式化，每块面积一般2～3亩，田间高低不大于5厘米，耕作层在30厘米以上。

(3)水利排灌设施配套，干支渠道实现三面光。努力争取防洪标准达到20年一遇，治涝标准10年一遇，抗旱能力70天以上，地下水位控制在适宜作物生长的深度。

(4)田间道路布局合理、通畅，保证农业机械能下田作业。

(5)田间骨干道路，主干路两边营造绿化带。

三、农村土地承包

农村土地，是指农民集体所有和国家所有依法由农民集体使用的耕地、林地、草地，以及其他依法用于农业的土地。其他依法用于农业的土地，主要包括荒山、荒沟、荒丘、荒滩等“四荒”，以及养殖水面等。根据《农村土地承包法》第三条的规定，我国农村土地承包方式主要有两种：一是农村集体经济组织内部的家庭承包；二是通过招标、拍卖、公开协商等方式的承包。

四、农用地流转

土地流转指的是土地使用权流转，土地使用权流转的含义，是指拥有土地承包经营权的农户将土地经营权（使用权）转让给其他农户或经济组织，即保留承包权，转让使用权。

五、占用耕地补偿制度

占用耕地补偿制度是国家实行的一项保护耕地法律制度。它是指非农业建设经批准占用耕地，占用多少，就必须开垦多少与所占用的耕地数量和质量相当的耕地，没有条件开垦或者开垦的耕地不符合要求的，应依法交纳耕地开垦费，专款用于开垦新的耕地。占用耕地补偿制度是实现耕地占补平衡的一项重要法律措施。耕地占补平衡是占用耕地单位和个人的法定义务。

第三节　宅基地管理制度

一、宅基地概念

宅基地是指农村的农户或个人用作住宅基地而占有、利用本集体所有的土地。

宅基地是指建了房屋、建过房屋或者决定用于建造房屋的土地,包括建了房屋的土地、建过房屋但已无上盖物不能居住的土地以及准备建房用的规划地3种类型。

根据我国法律规定,宅基地属于农民集体所有,公民个人没有所有权,只有使用权。

农村集体经济组织为保障农户生活需要而拨给农户建造房屋及小庭院使用的土地。用于建造住房、辅助用房(厨房、仓库、厕所)、庭院、沼气池、禽兽舍、柴草堆放等。宅基地的所有权属于农村集体经济组织。农户只有使用权,不得买卖、出租和非法转让。农户对宅基地上的附着物享有所有权,有买卖和租赁的权利,不受他人侵犯。房屋出卖或出租后,宅基地的使用权随之转给受让人或承租人,但宅基地所有权始终为集体所有。出卖、出租房屋后再申请宅基地的,不予批准。农户建造房屋及小庭院使用土地,不得超过省、自治区、直辖市规定的标准。

二、宅基地特征

宅基地使用权具有如下特征:

(1)宅基地使用权的主体只能是农村集体经济组织的成员。城镇居民不得购置宅基地,除非其依法将户口迁入该集体经济组织。

(2)宅基地使用权的用途仅限于村民建造个人住宅。个人住宅包括住房以及与村民居住生活有关的附属设施,如厨房、院墙等。

(3)宅基地使用权实行严格的“一户一宅”制。根据土地管理法的规定,农村村民一户只能拥有一处宅基地,其面积不得超过省、自治区、直辖市规定的标准。农村村民建住宅，应符合乡(镇)土地利用总体规划，并尽量使用原有的宅基地和村内空闲地。农村村民住宅用地，经乡(镇)人民政府审核，由县级人民政府批准，但如果涉及占用农用地的，应依照土地管理法的有关规定办理审批手续。农村村民出卖、出租住房后，再申请宅基地的，不予批准。

小知识

什么是小产权房

“小产权房”并不是一个法律上的概念，它只是人们在社会实践中形成的一种约定俗成的称谓。目前通常所谓的“小产权房”，也称“乡产权房”，是指由乡镇政府而不是国家颁发产权证的房产。所以，“小产权”其实就是“乡产权”、“集体产权”，它并不真正构成严格法律意义上的产权。说的再直白一些，“小产权房”是一些村集体组织或者开发商打着新农村建设等名义出售的、建筑在集体土地上的房屋或是由农民自行组织建造的“商品房”。

目前的“小产权房”、“乡产权房”有两种：一种是在集体建设用地上建成的，即“宅基地”上建成的房子，只属于该农村的集体所有者，外村农民根本不能够购买；另一种是在集体企业用地或者占用耕地违法建设的。和一般意义上的商品房相比，“小产权房”没有土地出让金概念，也没有开发商疯狂的利润攫取，所以，“小产权房”的价格，一般仅是同地区商品房价格的1/3甚至更低。“廉价”是大量城镇居民顶着产权风险购买“小产权房”的根本原因。

来源：凤凰网财经 2009—06—17

三、宅基地权利

宅基地使用权人对宅基地享有如下权利，并承担一定的义务。

(1)占有和使用宅基地。宅基地使用权人有权占有宅基地，并在宅基地上建造个人住宅以及与居住生活相关的附属设施。

(2)收益和处分。宅基地使用权人有权获得因使用宅基地而产生的收益，如在宅基地空闲处种植果树等经济作物而产生的收益。同时，宅基地使用权人有权依法转让房屋所有权，则该房屋占用范围内的宅基地使用权一并转让。

(3)宅基地因自然灾害等原因灭失的，宅基地使用权消灭。对没有宅基地的村民，应当重新分配宅基地。

(4)宅基地使用权人出卖、出租住房后，再申请宅基地的，土地管理部门将不再批准。并且，宅基地使用权的受让人只限于本集体经济组织的成员。

四、宅基地转让

宅基地使用权的转让法律效力。

1. 宅基地使用权不得单独转让

有下列转让情况，应认定无效。

(1)城镇居民购买。

(2)法人或其他组织购买。

(3)转让人未经集体组织批准。

(4)向集体组织成员以外的人转让。

(5)受让人已有住房，不符合宅基地分配条件。

2. 宅基地使用权的转让必须同时具备的条件

(1)转让人拥有二处以上的农村住房(含宅基地)。

(2)同一集体经济组织内部成员转让。

(3)受让人没有住房和宅基地,符合宅基地使用权分配条件。

(4)转让行为征得集体组织同意。

(5)宅基地使用权不得单独转让,地随房一并转让。

以上为最高人民法院在司法实践的指导,详细问题可以查询本地的省级地方立法。

第四节　农村集体建设用地管理制度

一、农村集体建设用地概念

农村集体建设用地是指乡(镇)村建设用地,乡(镇)村建设用地是指乡(镇)村集体经济组织和农村个人投资或集资,进行各项非农业建设所使用的土地。主要包括:乡(镇)村公益事业用地和公共设施用地,以及农村居民住宅用地。

农村集体建设用地所有权归集体所有,农民只享有使用权。

农村集体土地建设用地使用权是指农民集体和个人进行非农业生产建设依法使用集体所有的土地的权利。法律对集体土地建设用地使用权的主体有较为严格的限制,一般只能由本集体及其所属成员拥有使用权。

二、农村集体建设用地流转

农村集体建设用地流转指集体建设用地的使用权通过有

偿、有限期转让、出租等方式引起土地使用权属转移或实际使用人发生变更的行为，也就是易主、易位、易用3个方面。流转的标的不是所有的建设用地，而是农村集体土地中已经依法办理过使用手续的非农业建设用地和农业建设用地，不是农用地，也不包括业已使用且仍属非法使用的任何建设用地。

三、土地整理与土地复垦

土地整理是指在一定地域范围内，按照土地利用计划和土地利用的要求，采取行政、经济、法律和工程技术手段，调整土地利用和社会经济关系，改善土地利用结构，科学规划，合理布局，综合开发，增加可利用土地数量，提高土地的利用率和产出率，确保经济、社会、环境三大效率的良性循环。

土地复垦是指对在生产建设过程中，因挖损、塌陷、压占等原因造成的土地破坏，采取整治措施，使其恢复到可供利用状态的活动。其广义定义是指对被破坏或退化土地的再生利用及其生态系统恢复的综合性技术过程；狭义定义是专指对工矿业用地的再生利用和生态系统的恢复。

第四章　农村科技管理

第一节　农村科技体系

现代农村科技体系主要包括农业生产环节的技术、农业农村经营管理现代化的技术和农村生态家园建设的技术等。

一、生产环节的技术

（一）种植业科技

运用在种植业中的科技也可以称为现代农艺技术。具体包括农作物良种技术、测土配方施肥技术、节水灌溉技术和植物保护技术等。

1. 农作物良种技术

良种是农业生产的基础，是农业生产中最特殊、最不可替代、最基本的生产资料，优新良种是农作物增产的基础。据统计，目前杂交水稻、杂交玉米、矮败小麦、双低油菜等的成功研发和推广应用，使我国主要农作物良种覆盖率达到95%以上，极大提高了农作物综合生产能力。

2. 测土配方施肥技术

测土配方施肥技术发源于20世纪80年代，包括测土、配方、配肥、供肥和施肥指导5个环节，就是通过土壤测试，摸清土壤肥力状况，遵循作物需肥规律，建立科学施肥体系，提出作物配方施肥，组织企业按方生产，指导农民科学施用。经过几十年的发展，特别是测土配方施肥补贴项目的实施，这一技术逐渐优化并被基层技术人员和农民所接受，在作物增产增收中发挥着越来越重要的作用。

3. 节水灌溉技术

节水灌溉技术是比传统的灌溉技术明显节约用水和高效用水的灌水方法、措施和制度等的总称。节水灌溉技术大致可分为灌水方法、输水方法、灌溉制度和田间辅助措施等四大类别。现在我国采用过的和正在研究或推广使用的节水灌溉技术有数十种之多。各种技术都各有利弊，各有不同的适用条件。

4. 植物保护技术

植物保护技术即用科学的方法治理病虫害，包括：合理使用农药，发展高效低毒农药，研究使用低毒杀菌剂和逐步推广生物类农药，迅速发展除草剂。植物保护技术可以分为三大模块：①植物病虫害识别技术包括害虫的形态特点，病害的症状特征，识别要点；②农药安全使用技术，包括农药常见种类，农药配制、检测方法，喷雾机械的维护和农药的安全使用技术；③植物病虫害防治技术，包括病虫害田间调查统计方法、植物病虫害防治的原理和技术措施、粮食作物病虫害防治技术、经济作物病虫害防治技术、果树病虫害防治技术、蔬菜病虫害防治技术。

(二)畜牧水产养殖业科技

畜牧水产养殖业是农业的重要组成部分之一，畜牧业一般包括大牲畜、小牲畜、家禽以及经济兽类的饲养，水产业则可分为海洋渔业和淡水渔业两大门类。畜牧水产养殖业科技包括优良品种、科学饲养技术、动物防疫等。

1. 养殖业优良品种

随着农村畜牧水产养殖商品化程度的不断提高，优良品种的引进对农民稳定创收已显得越来越重要。优良的新品种不但具有高产、抗病的优点，还有利于养殖户创品牌、抢市场。提高产品竞争力的因素是多方面的，但良种是起点、是根本。只要是良种的产品，就会有优势，有优势才有市场，有市场才有效益，有效益才能可持续发展。因此，发展养殖产业，必须从良种抓起，自觉地依靠科技，加快由数量型向质量型的转变，向良种要效益。

2. 科学饲养技术

要想通过养殖业致富，除了选取优良的品种之外，还需要有针对性的科学养殖方法。不同的产品有不同的饲养方法，可以根据农民朋友的需要进行宣传推广。

3. 动物防疫

动物防疫是指在动物健康状态下，要采取各种措施防止动物疫病的发生；当一些动物发生疫病后，要采取各种措施制止动物疫病的传播和流行；当一些动物发生重大疫病后，要采取扑杀所有发病动物及其直接（间接）接触过的动物等严厉措施，及时消灭所有发病和死亡的动物。

（三）农业机械化科技

农业机械化是指运用先进适用的农业机械装备农业，改善农业生产经营条件，不断提高农业的生产技术水平和经济效益、生态效益的过程。在农业各部门中最大限度地使用各种机械代替手工工具进行生产是农业现代化的基本内容之一。如在种植业中，使用拖拉机、播种机、收割机、动力排灌机、机动车辆等进行土地翻耕、播种、收割、灌溉、田间管理、运输等各项作业，使全部生产过程主要依靠机械动力和电力，而不是依靠人力、畜力来完成。实现农业机械化，可以节省劳动力，减轻劳动强度，提高农业劳动生产率，增强克服自然灾害的能力。我国农业在集体化的基础上逐步实现机械化，是发展农业生产力的根本途径。

二、农业农村经营管理现代化技术

探索和建立适应社会主义市场经济发展的农业经营与管理体制，是实现农业现代化的关键举措和重要保证。农业农村经营管理现代化技术包含农业信息化技术、村务电子化管理技术。

（一）农业信息化

农业信息化，就是将现代信息技术广泛应用在农业的产前、产中、产后各个环节，有效地改造和提升传统农业，推动农业现代化和产业化的进程。农业信息化主要包括以下内容：农业技术信息化（如精准农业信息）、农业环境信息化（如气候预报、病虫害测报）、农业经营信息化（如农产品交易信息等）。农业信息化的内容十分丰富，对农民提高农业生产率也有很大帮助。

1. 农业物流信息体系

农业物流信息体系是农业信息化系统的重要组成部分，其中既包括农业市场信息，也包括农业物流的资源信息。如果缺乏有效的信息导向，农资和农产品物流的流向就会带有盲目性，导致在途损失严重，影响农业资源配置和农民收入。

目前，我国农业物流信息系统还存在信息市场发育的基本条件落后、信息传递速度慢、交互性差、信息内容单调、信息产品和技术的实用性差、信息咨询服务滞后等不足。随着网络通信技术的发展和普及，把网络技术应用于农业，不但能及时解决农业发展中的技术问题，而且能降低农业信息的获取成本，这对我国农业现代化和农民增收有着非常重要的意义。

2.“三电合一”农业综合信息服务

为了全面贯彻落实中央一号文件，重点加强农业综合信息服务平台建设，进一步推进信息服务网络向乡村基层延伸，2006年农业部在全国选择了具有一定基础的17个地级和30个县级农业部门，开展电话、电视、电脑“三电合一”农业综合信息服务平台项目建设，面向三农开展农业生产信息服务。

各地通过“三电合一”项目建设取得了明显的成效，具体有：及时为产销双方沟通信息，有效地促进了农产品流通，化解了小生产与大市场的矛盾，为农民增收致富架起了桥梁；帮助农民了解市场需求，引进先进技术，促进主导产业和效益农业的发展，为农业产业结构调整提供了信息来源和决策依据；提高了农业部门应对突发事件的能力，挽回生产经营者的经济损失。从实践上看，“三电合一”的服务领域不仅局限于农业和农村经济领域，部分地方已经出现了同时面向农民提供社会、文化服务的趋势。

（二）村务电子化管理技术

村务电子化管理就是指使用现代的电子计算机技术来实现农村村务、财务的日常管理。电子村务制度可以使村务管理更加透明，通过将现代信息技术引入村务公开，可以方便地随时随地查询村务情况；可以使村财务管理更加规范，实现账务由“浑”变“清”、由“暗”变“明”；可以使村干部民主意识增强，决策过程更加严谨透明，管理行为得到规范；可以使农村基层更加和谐，有力地促进农村和谐稳定。

三、农村生态家园建设技术

所谓生态家园，就是在农家庭院里按照“有限空间巧妙利用、生物资源良性循环、可再生能源有机互补”的原则，把地表、地下、空中、水中一切可利用的空间都利用起来，进行植物、动物、微生物综合生产，促进农户生产、生活、环境协调发展的生态庭院经济模式。生态家园建设需要综合利用微生物技术、可再生能源技术、生态农业技术、立体种养技术，把农村一家一户的种植业、畜牧业和水产业，通过食物链的形式紧密地联系起来，形成以农户为单位的生态良性循环体系。

（一）可再生能源利用开发技术

1. 沼气发酵技术

沼气发酵技术是利用微生物发酵产生甲烷等可燃气体供人们利用的技术。它不仅可提供洁净的能源，而且还有利于实现农业生态系统的良性循环及废弃物的综合利用，减少对森林资源的砍伐，有利于荒山荒坡的绿化。因此，沼气在我国许多地方得到了广泛的推广。

2. 沼气综合利用技术

沼气综合利用技术是指将沼气、沼液、沼渣运用到生产过程中，降低生产成本，提高经济效益的一项技术。一般可分为南方模式和北方模式。

3. 秸秆气化技术

秸秆气化技术是将固态的农作物秸秆资源通过热解气化，使其转化为优质、易燃烧气体能源的一种技术。这种技术改变了生物质原料的形态，使用更加方便，而且能量转换率比固态生物质的直接燃烧有较大提高。它改变了生物质能传统的低效利用方式，开辟了秸秆利用的新途径。它既有利于农村炊事燃气化，提高农民生活质量，又有利于减少秸秆燃烧对环境的污染。

4. 太阳能利用技术

太阳能是取之不尽、用之不竭的能源。开发利用太阳能是生态系统的基础产业，开发和寻找利用太阳能的新技术，不断提高太阳能的利用率，是提高生态系统总体生产力的基础性工作。目前比较成熟的太阳能利用技术主要有太阳能热水器、太阳房采暖、阳光塑料大棚等。

5. 小水能开发利用技术

我国幅员辽阔，河流众多，水能资源丰富。大力兴建微型、小型水电站是开发利用山区水能资源的重要途径，是加快环山荒坡绿化，保护天然林、水源林的重大措施。

(二)生态农业技术

1. 高产优质高效立体农业种养技术

立体种养技术是一种在参与个体性能优良的基础上，利用生态学上的种间互补、共生互惠原理，对各个个体进行合理安排的时间和空间结构技术。在生产上就是对现有农业技术术进行组装配套或集成。

2. 农产品加工技术

农副产品加工是指对初级形态的农副产品经过一系列的加工，使原来产品的形态发生改变形成一种新的并能被人们和社会直接使用的产品的过程。它是原料生产和最终消费之间的一个连锁环节。农副产品加工是提高农副产品价值、实现可持续农业经济良性循环的重要保障。

3. 合理利用水资源技术

合理利用水资源技术主要是指采用科学的方法，充分利用天然降水和合理用水。主要技术有适时适量灌溉技术、提高渠道灌溉水技术、低压管理输水技术、喷灌技术、滴灌技术、综合型节水灌溉技术、旱作节水农业技术等。

4. 水土保持技术

水土保持技术是保护水土资源、减少自然灾害、改善生活环境的技术。它是一项艰巨的改善自然条件的工作，是农业发展的基础性工程，是可持续农业发展的必要条件。主要技术有农业耕作技术、植物造林增加植被、全面实施小流域治理工程。

5. 废弃物农业资源利用技术

废弃物农业资源利用技术主要包括：农作物秸秆利用技术、农产品加工的废弃物利用技术、工业有机废弃物利用技术、林产品废弃物利用技术、畜禽产品及粪便利用技术等。

第二节　农村科技推广

农村科技推广就是指通过教育，帮助农民改善农场经营模式和技术、提高生产效益和收入、提高乡村社会的生活水平和教育水平。狭义的农业科技推广是指，把大学和科学研究机构的研究成果、通过适当的方法介绍给农民，使农民获得新的知识和技能，并且在生产中采用，从而增加其经济收入。

一、我国的农村科技推广体系简介

加快农业科技成果转化，促进现代农业发展，需要有一套健全的、高效的农业科技推广体系。目前，全国以种植、畜牧、水产、农机等系统的国家农业技术推广机构为主，相应科研部门、教学单位、行业协会、涉农企业为辅的多元化农业科技推广正在逐步形成。为推动我国农业科技成果转化，促进农业科技进步发挥着重要作用。

（一）种植业技术推广体系

目前，全国所属种植业系统共有县乡两级推广机构 2.6 万个，其中，县级 9 108 个，乡级 1.7 万个。共有推广人员 24.6 万人，其中，县级 14.5 万人，乡级 10.1 万人。编制内人员中，拥有大专学历的 9.92 万人，具有专业技术职称的约 17 万人，其中高级职称的 1.3 万人。

长期以来，种植业推广体系围绕发展农业生产、解决温饱问题，推广普及了一大批农业新技术、新品种、新成果，为我国农业科技进步贡献率不断提升，粮食综合生产能力连续迈上新台阶，主要农产品实现供需基本平衡、丰年有余，促进国民经济稳定持续快速发展做出了重大贡献。

（二）畜牧业技术推广体系

我国基层畜牧兽医站最早成立于 20 世纪 50 年代。基层畜牧技术推广体系的主要职责是：宣传贯彻党和国家发展畜牧业的方针政策和法律法规；参与当地生产发展和技术推广计划的制订并组织实施；保障畜牧业发展，保证畜产品质量安全；推广畜禽优良品种，鉴定检测种畜（禽）质量，提高生产性能和产品质量；推广优质饲草饲料；为农民生产、流通提供信息、技术支持和服务。

目前，全国有省级畜牧兽医站 27 个，从业人员 1 227 人；家畜繁育改良站 25 个，从业人员 1 208 人；草原站 23 个，从业人员 756 人；地市级畜牧技术推广机构 627 个，从业人员 1 1245 人；县级畜牧技术推广机构 4 620 个，从业人员 58 569 人；乡级畜牧兽医站 46 435 个，从业人员 32.6 万人。

（三）水产技术推广系统

近年来，我国水产技术推广体系通过推广先进适用技术，开展水产养殖病害防治和规范用药指导、大力培养渔业实用人才和新型渔（农）民、创新渔业公共信息服务方式、探索基层水产技术推广体系改革等方式，为推进产业发展提供了强有力的支撑和保障，对产业结构战略性调整、渔（农）民增收和现代农业建设作出了重要贡献。

目前，我国已建有国家、省、地、县、乡五级水产技术推广机构 4 453 个，人员 4.66 万，每年指导、受益农户近 300 万。依托水产技术推广体系，我国已逐步建立了拥有 3 000 多个监测点的“国家—省—地—县—点”五级水产养殖病害测报体系，基本形成了以基层为基础、以省级为枢纽、以全国总站为核心的信息网络，建立了 5 100 人的防疫检疫员队伍和 1 300 多人的职业技能鉴定考评员队伍。“十五”期间，开展了 7 万多期技术培训，培训人员达 590 多万人次。仅配合海洋捕捞渔民转产转业项目的培训，3 年来就培训渔民 6.3 万人，有 68%实现了转产后的第一次就业。

（四）农垦农业技术推广体系

农垦系统是按照区域农业特色和农场管理体制设置的相关农机推广机构。通过建立健全农技推广体系，充分发挥农业科技推广对科技成果转化的桥梁和纽带作用，不断健全农技推广体系建设，使农技推广在提高垦区农业生产率、农产品产量方面发挥着重要的作用。

据不完全统计，农垦系统现有各类各级农技推广机构 2 976 个，农技推广人员 25 529 人。近年来，农垦系统农业经营管理体制不断改革，根据自身特点多数垦区已形成政、企、技合一的垦区、农场两级农业生产管理和农技推广机构。垦区设有农技推广站、农技推广中心、创新中心、畜牧兽医站、种子站、农科站、植保站、农机站、林业站、土肥站、水利站、气象站等相类似的垦区推广机构。

二、农村科技推广方式与方法

开展农业科技推广工作除了要有较好的推广内容外，还需要适当的方式和方法将其内容加以表达。由于世界各国在农业和农村发展中所采取的政策和策略不同，所以农业推广方式方法也有很大差异。以下主要介绍我国目前采用较多的农业推广方式与方法。

（一）农业推广方式

随着农业由计划经济向市场经济转变，以及由传统农业向现代农业的转变，农村科技推广的目标也由单纯的提高产量转向高产、优质和增加农民收入。服务范围由以产中服务为主转向产前、产中、产后全程服务。服务内容由单纯的技术服务转向产、供、销等一体化的系列服务。因此，农业科技推广方式在新的经济发展形势下，也在继承原有的培训、示范、提供信息、蹲点、咨询等方面的同时，提倡和推广项目计划、技物结合、物化推广、企业牵动、农贸结合、集团承包、协会促进和市场交易等适应市场经济发展和“两高一优”农业建设的新方式。

1. 项目计划型

项目计划型就是政府有计划、有组织、有布置、有检查地开展农业推广工作。按项目计划推广技术的好处很多:一是有利于科技管理工作的规范化和科学化,能克服过去单纯靠行政命令推广技术的弊病;二是有利于以点带面,促进大面积推广和实现增产增收;三是有利于调动农业推广人员和农民群众推广技术的积极性;四是有利于加强横向联系,充分发挥科技力量的整体功能;五是有利于组装配套,推广综合技术,更好地发挥农业技术效益。

2. 技物结合型

技术与物资结合是近几年来常用的有效的推广模式。它是以示范推广农业技术为核心,并支持技术物资的配套服务,以物资保证技术的真正落实。技物结合的推广方式,适用于综合型的农业技术革新。如某一良种良法的配套推广。但技物结合不能只停留在技术和物资配套经营上,应是技术示范—物资经营—生产指导三者有机结合。

3. 物化推广型

物化推广型是指对一些改进性的农业物化技术按商品形式通过市场向农民推广。这是在社会主义市场经济体制下,农业技术物化成果、农业科技信息向商品化发展的必然趋势。这一推广方式实际上就是以物资的形式对农业生产所应用的技术向农民进行宣传推销,以推销的形式达到推广的目的。对于物化的技术,推广部门只要按技术推广的要求,将新技术用出售物资的形式让农民购买,推广部门只要将物资售出就等于推广了物化在其中的技术。

4. 企业牵动型

企业牵动型是指兴办农产品加工企业,对本地农产品进行收购与加工,进而达到引导农民调整生产结构,应用先进技术和新技术,提高质量,通过向企业出售定了保护价的产品达到增加效益的目的。这也就是目前推行的“公司+农户”型。农民种植生产—推广人员指导—企业加工销售,对促进我国“两高一优”农业生产持续的发展是个好的方式。推广人员和农民可以减少市场经济带来的农业推广上的风险。

5. 农业开发型

农业开发主要是指对尚未利用的资源运用新技术进行合理利用,使之发展成为有效的农业新产业。在这其中农业科技开发是手段和桥梁,是农业开发的核心,是农业开发的目的和归宿。农业开发型方式的具体办法是:农贸结合,建立基地,推广农业技术,开展综合服务,走以市场为导向的农业推广新路。此法的好处是:促进了当地名、特、优、新、稀农产品的开发性生产。

6. 集团承包型

集团承包搞推广是近几年兴起的农业技术推广新方法。这个集团是由技术、行政、商品、供销、财政、金融等部门的人员组成的技术推广团体,在充分调动各方面的积极性的基础上,达到推广技术、促进生产的目的。该方式有利于大项目、重点项目的实施,并形成规模生产、规模效益。

7. 协会促进型

协会促进型就是农村中以农民为主体,根据需要自愿联合组成的各种专业技术协会开展科技推广活动。这些专业协会多为专业户联合组织起来,上挂科研单位、高等院校,下联千家万户,已成为科技推广队伍中的重要力量。

第五章　农村教育、卫生、金融事业管理

第一节　农村教育概述

一、我国农村教育的类型

农村教育的主要类型包括农村基础教育、农村职业教育、农村成人教育3种类型。

（一）农村基础教育

基础教育是科教兴国的奠基工程，对提高中华民族素质、培养各级各类人才，促进社会主义现代化建设具有全局性、基础性和先导性作用。基础教育是指从学龄儿童入学到初中毕业阶段的九年教育，也可以称为义务教育。基础教育是农村普通教育的主体，其主要任务是培养和提高农村人口和劳动者的基本素质。基础教育中以九年义务教育为核心。现在全国农村基本实现了九年义务教育，基本扫除了青壮年文盲。基础教育对每个人来说是提高科学文化素质、学习专业技能的基础。农村基础教育对于提高农民素质也具有重要的作用。经过基础教育，再参加职业教育或技术培训相对都比较容易。

（二）农村职业教育

农村职业教育是指使农业劳动力与后备劳动者获得现代农

业知识与学会农业生产或工作技能技巧的一种教育，是为农村培养专业技术和管理人才的正规教育，招生对象主要是初、高中毕业生。农村职业教育以就业为导向，主要由各种职业学校和培训机构来承担。我国的农业技术职业学校分为初等、中等、高等职业学校教育。改革开放以来，我国的农村职业教育得到迅速发展，已经形成了多种类、多层次、多功能的农业职业技术教育体系，为农村培养了大批技术人才和管理人才，提高了广大农民运用科学技术脱贫致富的能力，直接促进了农村的经济发展。

(三)农村成人教育

成人教育是农村教育体系的重要组成部分。农村成人教育的结构可分为村级教育、乡级教育和专门化教育 3 个层次：①村级教育。主要对象是农村中文化素质最低的人，以村为基础“就地取材”。开办扫盲，农民夜校，利用农闲或晚上时间就读，传授普通文化和实用的农业技术。②乡级教育。主要对象是回乡农民和完成了村级教育的成人。依靠乡农技站、文化站及乡中学教师，传授比较系统的农业技术，有针对性地根据当地资源开发讲授科技成果应用和农业现代化的各种知识。③专门化教育。主要是对有一定文化基础的人，通过自学考试、大专院校委培、函授培养或在职中毕业生中选拔优秀者对口升学，培养农村第一、第二、第三产业所需高层次产业带头人。实施农村成人教育，是普及社会教育和农村脱贫致富的根本措施。目前我国农村成人教育重点是对农民进行实用技术和劳动力转移的培训。

二、我国农村教育存在的问题

(一)教育结构与经济发展不相适应

高等教育的招生、培养与就业还不能适应社会经济发展，招生难、就业难以及专业设置的过分行业性，仍然是制约高等农业教育发展的主要因素；教学内容过于陈旧，课程体系不尽合理；层次发展与经济发展还不协调，研究生教育相对滞后；办学特色不明显，定位趋同化，造成有限教育资源的浪费。

（二）高、中等农业教育办学效益偏低

1997年，高等农业院校的校平均规模为2 935人，师生比为1∶7.2；中等农业学校校平均规模为1 232人，师生比为1∶17；农村职业中学农科学生平均规模仅为200多人，与教育部规定的办学规模标准还有相当差距。

（三）农业教育投入不足

以教育投入占CDP的比例看，我国教育投入占GDP的比例与世界大多数国家相比仍然处在较低水平上。根据世界银行《1992年世界发展报告》资料，国外教育投入占GDP的比例(1990年数)：中等收入国家为4.4%，高收入国家为5%～7%，世界平均水平为3.6%，而我国自改革开放以来，这一比例并不高，长期徘徊在2.0%～2.5%。由于教育整体投入水平不高，加之我国教育投入结构中，高等教育和基础教育的投入比例关系失衡，使农村基础教育经费短缺的矛盾愈加突出。

（四）农业院校毕业生流失现象严重

据农业部教育司的调查，农业院校毕业生在工作中，办公经费能保证的仅为29.3%；能方便地获得各种信息的仅占26.4%，文化生活贫乏的占26.7%。这样艰苦的工作条件使得农业院校毕业生不安心农业工作，纷纷流向其他收入较高的行业。据农业部教育司对“八五”期间农业院校毕业生就业去向的抽样调查，64.9%的农科毕业生在农业系统岗位就业，31.1%的农科毕业生在非农系统与专业相关的岗位上就业，55.4%的毕业生在县及县以下单位就业。

三、我国农村教育政策的目标

中国农业教育政策的目标是积极发展研究生教育，稳步推进本科教育，在普及义务教育的同时，重点发展职业技术教育和成人教育，着眼农村劳动者素质的提高，为面向21世纪农村经济发展提供智力支持和人才储备。

农业高等教育政策的重点在4个方面：一是人才培养和科学研究要为农民致富、农业和农村经济发展服务；二是要为实现我国农业现代化服务；三是要面向新的农业技术革命；四是农业高等教育要面向市场，树立教育大市场的观念。技术教育政策的重点是对四类人群进行教育培训：一是“三后生”（小学、初中、高中3个层次不能升入上一级学校的）每年达到1 000万人，绝大部分在农村，要对他们进行农业职业教育；二是每年50万的复员军人，这是农村青年中素质较好的群体，要与部队配合进行培养；三是几百万全国乡村干部，这是农民教育的重点；四是农民技术骨干培训，培训要分3个层次，即中等教育、初等教育和科普教育，以形成塔式农村人才队伍结构。在农村要办好四类学校，即普通中学的职业班、农业职业中学、农业广播电视学校和农机化培训学校。

四、我国农村教育政策措施

(1)逐步建立增加农业教育投资的多元化体制，提高办学效益。农业教育是一项最有效的长远农业保护措施之一，故国家要逐年增加对农业教育的经费投入，将规定的教育经费占财政支出的15%落实到实处。要提高非义务教育阶段学生的收费标准;鼓励和支持企业、社会团体及各界人士投资兴办农业教育;要提高农业院校的办学效益。

(2)调整教育结构,加大农业技术教育的发展空间。农业高等教育主要不是量的扩张,而应该是质量的提高,要注意提高研究生的培养层次。农业职业教育应该大力发展,在开展正规职业教育的同时,还应该大力开办非学历的职业技术教育。

(3)拓宽农业职业技术教育的范围,开展一定的非农职业教育。农业教育要着眼于现代农业,现代农业的范畴可涵盖从生产原料到加工食品,因此,农业教育的范围应该不断扩大,适应市场经济变革对农业教育提出的人才培养要求。

第二节 农村义务教育管理

一、农村义务教育现状和问题

2005年12月24日,国务院印发《关于深化农村义务教育经费保障机制改革的通知》,决定从2006年起,用5年时间,逐步将农村义务教育全面纳入公共财政范围,建立中央与地方分项目、按比例分担农村义务教育经费保障新机制,其具体实施步骤包括:第一,从2006年开始,全部免除西部地区农村义务教育阶段学生学杂费,2007年扩大到中部和东部地区,对贫困家庭学生免费提供教科书并补助寄宿生生活费。第二,根据农村中小学公用经费支出的合理需要,提高农村义务教育阶段中小学公用经费基本标准。第三,建立农村义务教育阶段中小学校舍维修改造长效机制,校舍维修改造所需资金,中西部地区由中央和地方共同承担，东部地区主要由地方承担，中央适当给予奖励性支持。第四，对中西部及东部部分地区农村中小学教师工资经费给予支持，确保农村中小学教师工资按照国家标准及时足额发放。

二、完善农村义务教育管理

农村义务教育存在的上述问题亟待有关部门进一步采取各种措施进行规范和管理，促进我国农村义务教育的进一步发展和完善。

（一）健全义务教育投入机制

（1）拓宽农村义务教育融资渠道。灵活采用多种供给与运行机制，改善教育服务质量，提高资金使用效率。建议在教育服务的供给机制上，应逐步从目前政府办学校、政府管学校、以公办学校为主的模式向多元化制度转变，鼓励社会力量办学的积极性，强调政府和社会办学力量之间的灵活和多样化合作，鼓励竞争，改善教育服务质量，提高资金使用效率。

（2）不断提高农村义务教育经费保障水平，推动农村学校从维持基本运转向提高教育质量转变。建议建立农村义务教育学校公用经费的稳定增长机制，进一步提高农村中小学的公用经费保障水平。要加强对农村家庭经济困难寄宿生的资助力度，提高补助标准，适当扩大补助范围。在充分考虑目前农村中小学存量危房及新增危房改造需要的基础上，适当提高农村中小学校舍维修改造补助标准，吸取“5·12”汶川大地震的经验教训，按照新的抗震设防标准，考虑农村中小学校舍的维修和加固问题，确保师生安全。

(二)加强农村教师队伍建设

加强教师队伍建设,保障教师合理待遇,提高教师队伍整体素质。建议从依法保障教师收入入手,尽快出台义务教育阶段教师绩效工资发放的政策文件,做到教师的平均工资水平不低于当地公务员的平均工资水平。同时努力解决农村教师的住房、医疗问题,在乡镇或县城集中建设一批经济适用房,在寄宿制学校或边远学校建设一批周转房,切实为教师解决实际问题。

(三)合理安排转移支付资金

中央政府在完善农村义务教育投入体制时首先应将农村义务教育的投入主体一级一级提升直至由中央全盘负责全国范围内的农村义务教育,并在义务教育投入责任分担方面划定一个总的原则,即中央政府提供大部分的甚至全部的义务教育费用,地方各级政府提供小部分的教育经费。然后根据各地不同的经济状况,在总原则基础上进一步明确各地区不同的地方义务教育投入比例。中央和各级地方政府加大以贫困地区农村义务教育为主要对象的教育财政转移支付,通过实施重大工程和项目的办法,使中央和各级政府的转移支付能真正到达最需要资金、资源的地区。建立全国性教育发展基金,在教师工资、公用经费、基建维修等费用方面实行中央与地方政府分摊,中央或省级政府保大头的政策。

(四)明确各投入主体的责任

目前,我国义务教育支出项目大致划分为事业性经费支出和基本建设经费支出,其中事业性经费支出又分为个人部分(主要是教师基本工资、补助工资及福利)和公用部分(如公务费、业务费、设备购置费、修缮费等)。应逐步建立义务教育支出项目由各级财政按比例分担的制度。中央财政负责义务教育教师基本工资。教师基本工资占全部预算内义务教育经费支出的50%左右。地方财政负责义务教育教师基本工资之外的其他投入。教师基本工资以外的义务教育其他投入包括教师补助工资及福利、公用经费和基本建设经费，这部分费用约占全部预算内义务教育经费投入的50%。省、地（市）两级财政负责支付教师基本工资之外的个人部分。教师基本工资以外的个人部分，主要是教师补助工资及福利。县级财政负责事业性经费的公用部分和基本建设经费。事业性经费公用部分主要包括公务费、业务费、设备购置费、修缮费和业务招待费等。

（五）加强农村义务教育投入的制度与法律建设

在制度上，为解决教育经费实际使用中出现的对教育资金挤占、挪用、平调等问题，应建立统一管理教育经费机制，由县财政统一发放，减少中间环节。要完善教育专项资金管理办法，健全项目管理制度，加强项目评审制度，规范约束资金的分配使用，减少随意和盲目性，保证专款专用。同时，逐步推行教育专项资金绩效考评机制，研究制订切实可行的教育专项资金评价指标体系和考核办法。

三、留守儿童的义务教育管理

据调查，目前我国进城务工的农村劳动力约11.3亿人，农村“留守儿童”数量超过了5 800万人，在全部农村儿童中，留守儿童的比例达28.29%。而在全部农村留守儿童中，处于义务教育阶段的农村留守儿童约3 000多万。目前来看，我国农村的留守儿童主要呈现出以下特征：①亲情缺失导致人格发展不健全。长时间的亲子分离使农村留守儿童失去情感和精神的依托,并由此导致留守儿童出现自卑、冷漠、孤僻乃至偏激等不良心理情感状态。这是农村留守儿童人格发展上存在的最主要的问题,也是导致其相关偏差行为的心理根源。②监管不到位与父母金钱、物质补偿导致的行为失范。祖辈监管的无力与不到位,加上父母由于情感亏欠而在物质、金钱等方面的补偿行为,导致许多农村留守儿童出现不同程度的乱花钱、摆阔、浪费、攀比以及贪图享乐、好逸恶劳等行为,少数留守儿童甚至不时出现偷盗和打架斗殴等违规、违纪行为。③双重缺失导致学业不良。亲情的缺失加上平时祖辈等临时监护人的监管不力,导致不少农村留守儿童学习习惯不良、学习兴趣下降、学习成绩滑坡,厌学逃学、沉迷网络、自暴自弃等行为频发。其中甚至有少数留守学生受父母等周围人群影响,从小就崇尚"打工赚钱"的短期行为而产生"读书无用"思想。由此可以看出,我国农村留守儿童的教育已经受到了诸多不良影响,而这些儿童正是未来农村的主要人口,也是向城市迁移的主要人口,这些儿童的今天关乎未来农村人口的素质与城市人口的素质,更是直接关乎未来农村的发展与城市的发展。

第三节　农村成人教育管理

农村成人教育是指为紧密联系农民生产生活实际需要而开展的农民非正规教育,承担着在农村普及教育和为农村培养中、高级专门人才的双重任务。目前,我国农村成人教育的重点是对农民进行实用技术和劳动力转移的培训。

一、农村劳动力转移培训管理

（一）农村劳动力转移培训的现状和问题

农村劳动力转移培训是指对需要转移到非农产业就业的农村富余劳动力开展培训，以提高农民素质和技能，加快农村劳动力转移就业。自从2003年以来，我国陆续出台了一系列促进农村劳动力转移就业培训的政策方针，极大地促进了全国农村劳动力转移培训的迅猛发展。其中，以“阳光工程”为标志的农村富余劳动力转移培训（其他农村富余劳动力转移培训还包括农村劳动力技能就业计划、农村劳动力转移培训计划、全国贫困农民培训转移“雨露计划”等），大大促进了农村富余劳动力由农村向二、三产业和城镇转移，成为当前农民增收致富的重要途径。

（二）农村劳动力转移培训的完善

（1）建立培训成本分担机制。目前，农村劳动力转移培训最大的问题是资金问题，社会、企业、受训的农村劳动力都会从农村劳动力转移培训中受益，因此，根据“谁收益谁买单”的原则，农村劳动力转移培训的成本应当由政府、企业及受训学员共同承担。

（2）优化转移培训供给。①优化农村劳动力转移培训资源的配置。通过对农村劳动力转移培训机构进行政策和资金扶持，促进培训机构的发展，特别是县以下劳动力转移培训机构的发展，降低农民接受培训的成本，提高农村劳动力转移培训的质量。进一步完善农村劳动力转移培训市场的竞争主体，规范培训市场的竞争。给予农民补贴，减轻农民接受培训的负担，扩大培训市场的需求。②选择适当的培训模式。在具体培训工作中，有关部门应该加强对培训机构工作的指导，推广适当的培训模式。如对40～50岁人员的培训,应该考虑其心理特点和学习能力,选择乡镇企业、乡村特色产业、农村服务业相关技能的培训,引导其就地就近转移就业;而对年轻农民的培训,则可以选择时间较长、技能层次较高的培训,转移就业的半径也可相对大一些。在补贴方式上来讲,如果本地培训任务小,监管容易,可以选择直接降低学费的补助方式,但如果是任务大、机构多的地区,则应该逐步推广培训券的方式。③提高培训的质量和层次。通过政府项目,调节培训机构的办学方向,使培训机构能够主动适应市场,加强培训内容的针对性;加大对学员的实训力度,提高学员的实际操作水平。④实行对口订单培训,确保就业安置。可以采取政府培训券的形式,让培训基地与企业挂钩,实行对口招工、对口安置的"订单式"培训,由企业出就业岗位,基地出培训设施设备、师资,采取与谁联办,为谁培训,培训结束后,全部对口安置在联办企业就业的措施,确保培训一人,就业一人。

(3)调动农民受训积极性。①加强对农民工的服务,降低农民转移就业成本。不断探索农村劳动力平等就业的有效机制,消除阻碍农村劳动力进城务工和实现农民工稳定转移的制度性因素,创造良好的农村劳动力转移就业环境,刺激农村劳动力转移需求,调动农村劳动力参加职业技能培训的积极性。②发展县域经济,引导农村劳动力就地就近转移。适应农村劳动力心理特点和转移特点,大力发展乡镇企业,扶持劳动密集型产业发展,扩大县域经济对农村劳动力的吸纳能力。适应国家建设社会主义新农村建设要求,积极开展乡村服务业、农产品加工业和特色产业等相关技能培训,挖掘农业农村内部就业和增收潜力,促进农村富余劳动力就地就近转移就业。③加强对农民的宣传教育,调动农民转移就业积极性。采取集中办班、咨询服务、印发资料以及利用广播、电视、互联网等手段多形式、多途径灵活开展对农民的宣传教育，引导农民提高对农村劳动力转移就业的认识，树立新的就业观念，调动农民参加高技能培训的积极性，不断提高农村劳动力转移就业的岗位层次和稳定性。

二、新型农民培训管理

（一）新型农民培训概述

党的十六届五中全会提出要按照“生产发展、生活宽裕、乡风文明、村容整洁、管理民主”的要求建设社会主义新农村，并把其作为“我国现代化进程中的重大历史任务”。建设新农村的关键在于培养新型农民。“十一五”期间，为了培养新型农民、技能型人才和农村实用人才，我国通过实施了绿色证书工程、新型农民科技培训工程、百万中专生计划等一系列多渠道、多层次、多形式的农民教育和培训体系。一是以培养新型农民为重点，大力开展农民科技培训。继续组织实施“绿色证书工程”，力争参加绿色证书培训的农民在2003年2 296万人的基础上，到2010年再培训1 600万人，使农村每8户农民中有1人参加绿色证书培训；大力实施新型农民科技培训工程，力争参加培训的农民在2003年280万人的基础上，到2010年再培训800万人，使每个村民小组有1～2名优秀青年农民参加培训；适时推出新型农民创业培植工程，力争到2010年培植10万名从事农业专业化生产和规模化经营的农场主和农民企业家，达到每个乡（镇）培植2～3人。积极实施农业远程培训工程。运用现代教育手段，发挥远程教育量大、面广、快捷、高效的特点，通过广播、电视、网络、卫星和光盘等将农业先进实用技术和农民致富信息及时送给广大农民。二是以培养技能型人才为重点，大力推进农村劳动力转移培训。从2004年起,由农业部等六部委共同组织实施的农村劳动力转移培训阳光工程全年培训农村劳动力250万人,转移就业220万人,今后将进一步加大公共财政对阳光工程的支持力度,扩大培训规模,调整实施内容,提高培训质量。三是以培养农村实用人才为重点,组织实施“百万中专生计划”。农业部决定用10年时间,依托农业广播电视学校、农业中专学校等机构,组织实施农村实用人才培养“百万中专生计划”,为农村培养100万名具有中专学历的从事种植、养殖、加工等生产活动的人才,以及农村经营管理能人、能工巧匠、乡村科技人员等实用型人才。

(二)新型农民培训对象和内容

目前来讲,我国的新型农民培训工程主要包括阳光工程培训、农业专业技术培训和农民创业培训3种,其主要培训对象和培训内容如下。

(1)培训对象。①阳光工程培训:主要培训年满16周岁以上有外出务工意向的农民,包括就近就地转移的农民。②农业专业技术培训(含新型农民科技培训):主要培训从事农业生产经营的专业农民,村级动物防疫员、植保员、农机手、沼气工等农村社会化服务人员,以及农业产业化龙头企业用工人员。③农民创业培训:主要培训有创业愿望的外出务工返乡青年、种养大户、农机大户、科技带头人、农村经纪人、专业合作组织领办人、农业企业经营创办人和有志于农村创业的大、中专毕业生。要求参训学员具有初中以上文化程度,年龄一般不超过50岁,并具有与创业项目相适应的产业基础,并能发挥示范带动作用。

(2)培训内容。①阳光工程培训:主要是职业技能、政策和法律法规、安全常识等知识的培训。②农业专业技术培训(含新型农民科技培训）：重点围绕水稻、小麦、玉米、油菜等农作物生产产量提升，奶牛、生猪、渔业等畜牧业的发展以及特色农产品开发等而组织开展的农业关键技术及相关知识的培训。培训内容包括水稻科学育秧、玉米合理密植、小麦科学播种、油菜轻简栽培、测土配方施肥、农业生产机械化、病虫害综合防治、畜禽标准化规模养殖、水产生态健康养殖、动物疫病防治、大棚蔬菜高效栽培以及农业标准化、无公害农产品生产、农产品加工等技术，以及良种良法配套和农机农艺结合。③农民创业培训：主要是政策法规、创业理念、创业技巧、市场营销、人力资源管理、农产品品牌创建、循环经济、农产品质量安全、农民专业合作组织等知识的培训。

（三）完善新型农民培训的措施

从目前的调查看来，我国的新型农民培训呈现出以下的特点：第一，受训的内容呈多样化态势，但政府供给和农民需求之间仍存在较大差异，特别所需的管理、创业、电脑网络等知识供给有限，受训内容的适用性也不够。第二，农技推广培训机构是农民培训的施训主体，其设施硬件和服务软件得到农民肯定，但培训资源的垄断一定程度上限制了民间培训机构、专业协会和龙头企业等在新型农民培训工程中所发挥的竞争性作用。第三，授课师资得到农民的认同，但认同度存在差异，对专家教授的满意度高于对农技人员和对乡土专家的满意度。第四，农民得到培训的时间以 1～2 天为主，太短的时间限制了农民的收获。第五，农民接受培训后的效果评价上，土地、金融、保险等制度配套的不足影响到农民对所获新技术的应用，培训在提升农民的经营能力和提高收入水平方面的作用还有待进一步发挥。因此，未来为了进一步提高我国新型农民培训的效果，可以从以下几个方面着手。

（1）加强市场研究，实现培训供需对接。新型农民培训工程的实施效率，重要的是切合现代农业和新农村建设发展趋势，适应当地农业发展的资源和环境，得到农民喜欢，符合农民需要。因此，要加大对农民培训市场需求的研究，以此确定施训的对象、内容、方式、渠道、师资和时间。

（2）引入竞争机制，优化培训资源配置。在新型农民培训上，虽然政府农业部门培训推广机构有一定比较优势，但培训资源的垄断必然导致效率的缺损。可考虑由省级农民培训主管部门根据农业和农村发展形势和农民的需求意愿确定培训项目，引入竞争机制，让政府培训结构、高等涉农院校、农业高等职业技术学院、民间教育培训机构、农民合作社、专业技术协会以及农业龙头企业共同参与投标，以确保政府有限培训资源的有效利用。

（3）制订配套措施，发挥培训综合效益。农民接受培训后需要将培训所学应用于生产实践，因此为保证培训的效果最大化，还需要提供相应的配套措施，包括：土地流转机制的构建与完善，针对不同地区的经济和社会发展水平，采取合作制、股份制或股份合作制；在完善农村政策金融、规范农村合作金融的同时，出台相关法规引导和发展农村民间金融；建立完善省、市、县三级农村信息网络平台，实现信息资源共享。

（4）建立评估制度，严格培训监督考核。依托农业主管部门成立省级农民培训监督考核专门机构；遴选政府农业主管部门领导、高校专家学者、技术人员以及农民代表组建绩效评估委员会；设计考核评估体系；确定评估内容、方式和具体安排；制订针对参训农民和培训机构的相应奖惩办法。

第四节　参与式农民培训管理

我国从20世纪80年代末引入参与式的概念和培训方法，经过数十年实践，参与式方法已经被广泛应用在教育、研究、农业技术推广、培训以及发展领域。实践证明，参与式培训可以充分发挥农民群众对自身和当地发展需求、问题、机会的识别能力，在我国农业科技推广体系中有很大的发展空间。

一、参与式农民培训定义

所谓的参与式培训是指学习个体能够参与到培训、知识传播和研究讨论之中，与其他的个体和培训者共同学习、共同提高的培训形式。具体到农民培训而言，参与式培训意味着在培训中要以农民的需求为中心，让农民深入到培训内容设定、培训方式选择、培训效果评定、培训监测与评估、培训者能力提升与激励机制建设等多个方面。

参与式培训和传统式培训的区别如表5－1所示。

表5－1　参与式农民培训和传统式农民培训的区别

参与式农民培训	传统式农民培训
目的是培养技能和提高专业能力	目的是传递知识
以参与者为中心，采用参与式方法	以培训者为中心，采用讲授的方法
依赖于培训者和参与者之间、参与者相互之间的相互讨论和对话	依赖于讲演者向听众的单向传递
依靠参与者已有的知识、技能和经验	假设参与者是需要在上面书写的“白板”，或需要灌输新知识的“空桶”
鼓励探索、反思性学习	要求听众接受讲演者的“专家类”知识

二、参与式农民培训的主要环节

参与式农民培训包括确定培训需求、制订培训计划、实施培训和评估培训效果4个主要环节。

（一）确定培训需求

首先，各地政府可以通过对村庄的观察和访谈了解村庄的各种资源禀赋以及村庄本身的优势和劣势，从而从宏观层面了解村庄对培训的需求，发挥当地的自然资源优势，确定最适合当地发展的培训方案；其次，由于不同农民培训的需求不一样，可以从微观层面通过对农民的访谈和调查了解农民对培训的需求，并对这些需求进行排序；然后在上述两方面的基础上，通过咨询培训方面的专家，确定出初步合理的培训需求。

（二）制订培训计划

传统培训中，培训教师或组织者凭借他们对受训者的认识去选择书本上现成的培训内容，在计划阶段也不太考虑合适的时间、方法和合适的教学辅助工具。参与式培训中制订培训计划的阶段相当重要，因为它决定了培训的主导方向。尽管该过程比较需要花费时间和精力，但是凭借参与式需求评估过程设计的培训在很大程度上减少了传统培训中的盲目性，为改善培训效果打下了良好的基础。在确定出受训者的学习需求后，下一步便是确定培训所应达到的目标，再根据明确了的培训目标选择培训要点，组织安排培训内容，选择合适的师资、培训方法和培训辅助工具等。因此设计培训计划的主要步骤包括：了解参与者学习需求和学习特点、明确培训目标、确定培训内容、安排培训地点和时间及准备培训资料等。

（三）实施培训

参与式培训的实施可以被分为3个环节，即培训初期、培训中期和培训末期，实施参与式培训课程需要注意的是衡量好这3个环节的时间比例。

培训初期，培训者可以创造机会让培训者对于学员学习目标和学习者有一个整体的了解，可以利用游戏活动让学习者简要介绍学习的预期和学习者的背景情况。如在一次针对甘肃卫生保健专业人员开展的参与式培训中，师资在培训初期设计的一项热身活动，要求学员从桌上的医疗器具中挑选一样代表自身工作的物品，并告诉小组成员选择这样物品的原因，同时向小组成员介绍自己。

培训中期是参与式培训的主干部分，也是核心部分，它包括启动、维持和深化3个层次，启动的目的是帮助学习者建立一个平等愉快的学习氛围，因此必须要注意以学习者的需求为切入点，通过对话和小组学习的方式带领学员进入学习状态，学员可以将自己的期待和问题写在不同颜色的纸条上或张贴在大白纸上，让全班成员和师资有机会了解不同学员的培训需求，而这些需求也可以看作衡量培训是否成功的标准；维持阶段实际是学习者之间互动交流的阶段，可以利用分组讨论的形式来实现学员和培训者之间的互动，师资在这个过程中扮演“促进者”的作用。深化阶段则是在实现了培训目标的基础上提供机会让学员归纳和总结，以增强学习者的自信心和对课程的印象。培训末期实际是一个反思阶段，这个阶段师资应该给学员留有充分的反思时间而不是培训者个人总结的时间。

（四）评估培训效果

参与式评估一般注重将定性和定量数据综合，有效的定量指标可以包括学员的有效学习时间，完成活动的数量；定性的指标可以包括主动性、目标意识、合作能力和团队意识等；此外，培训者还可以通过观察和访谈的形式收集学员对于学习效果的反馈情况。

第五节　农村社区教育管理

一、农村社区教育的含义

农村社区教育是为提高农村社区居民的科学文化素质、职业技能素质和思想道德素质，促进农村社会经济、文化全面和谐发展而对社区内所有居民进行的由学校教育、家庭教育和社会教育所组成的综合教育体系，是由县级统筹、以乡镇为中心、延伸到行政村一级，是对全体社区成员进行的“大教育”。这种教育包括4个基本要素：第一，社区与社区组织。社区在区位及设施上为社区教育的开展提供必要的条件，社区组织的主要作用是统一、协调社区内各种力量。第二，学校。学校教师是社区教育中主要的人力资源，学校的设施等是社区教育的物质资源。第三，教育资源。包括社区各协作单位提供的可以作为教育基地的厂矿、科学实验站、农业科技园和现代农业示范区等，以及社区内的公共设施，如图书馆、文体中心、历史纪念馆等。第四，参与者。社区教育的参与者是社区的全体居民，社区教育开展的进程，主要取决于参与者的积极程度和态度。这四要素构成了农村社区教育系统，在类别上包括社区内的基础教育、职业教育、成人教育和继续教育；在形式上包括学校教育、家庭教育和社会教育，其教育对象则是从幼儿到老年的全体社区居民。

二、发展农村社区教育的必要性

(一)发展农村社区教育,有利于提升农村劳动力素质

农村社区教育立足于农村,扎根在农村,是农民群众"家门口的学校",能较好地满足广大农民"时时受教育、处处受教育"的需求,因而,与其他任何类型的教育相比,农村社区教育更有利于提升农村劳动力的科学文化素质、思想道德素质和劳动技能素质,更有利于培养和造就有文化、懂技术、会经营的新型农民,从而加快建设社会主义新农村的步伐。

(二)发展农村社区教育,有利于建设学习型社会

农村社区教育的本质是以农村社区发展为本,以农村社区人力资源开发为本,其基本目的是提高农民的综合素质,全面提高广大农村居民的生活质量,使农村社区成为构建和谐社会主义社会的重要领域。因此,大力开展农村社区教育,让农村居民能根据不同的需要,参加各类教育与学习,接受继续教育和终身教育,有利于建设"人人都需学习,人人都能学习,人人都会学习"的学习型社会。

第六节 农村精神文明建设

一、开展多种形式的社会主义精神文明建设

(一)抓好村风民俗管理

村风民俗管理应着重抓好以下几项工作。

(1)大力开展社会主义精神文明建设活动,树立社会主义道

德风尚，移风易俗，反对封建迷信及其他不文明行为，树立良好的社会风尚。

（2）操办红、白事要一切从简。喜事新办，不铺张浪费，不搞陈规陋俗。倡导推行殡葬改革，实行火化制。建立红、白事理事会，主持办理村里的婚丧嫁娶事宜。

（3）建立正常的人际关系，不搞宗派活动，反对家族主义。

（4）教育村民服从村镇建房规划，不扩占，不超高，搬迁、拆迁不提过分要求，修房占地未经批准，不擅自动工。

（5）教育村民尊老爱幼，尊师重教，扶贫助难，厉行节约。

（6）认真组织村民学习文化科学知识，做有理想、有道德、有文化、守纪律的新型农民。

（7）对违反村规民约的给予批评教育，情节较重的要酌情处罚。

（二）抓好婚姻家庭管理

婚姻家庭管理要抓好以下几个方面。

（1）教育村民要遵循婚姻自由，男女平等，一夫一妻的原则，建立团结和睦的家庭。

（2）教育村民认真执行《婚姻法》，婚姻大事由本人做主，反对他人包办干涉，不借婚姻索取财物。对未登记非法同居的要严肃处理；对有女无子户，允许男到女家落户。

（3）教育村民自觉实行计划生育、晚婚晚育。

（4）夫妻在家庭中的地位平等，反对男尊女卑，不准虐待妻子，夫妻双方共同承担家务劳动，共同管理家庭财产。

（5）对丧失劳动能力、无固定收入的老人，其子女必须尽赡养义务，维护老年人合法权益。

（6）生父母、养父母、继父母应该承担未成年子女或虽成年但无生活能力子女的抚养教育；不虐待病残儿、继子女和收养的子女，保护其接受义务教育的权利。

（7）按法律规定，对父母的遗产，男女有平等的继承权。

（8）严禁弃婴、溺婴。

（三）抓好邻里关系管理

教育村民要互相尊重，互相帮助，和睦相处，建立良好的邻里关系。村民在经营、生活、借贷、社会交往过程中应遵循平等、自愿、互利的原则，不准随意更换、移动地界标志。依法使用宅基地，宅基地要按村、镇规划执行，不得损害整体规划和四邻利益。对村民饲养的家畜造成他人损害的，饲养人应负经济责任。加强民事调解工作。邻里发生纠纷，能自行调解的自行调解处理，不能自行处理的要依靠村委会解决，不能仗势欺人，强加于人；对不听劝阻制造纠纷的当事人，情节轻微的予以批评教育，造成人身或财产损害的，必须移交司法部门按有关法律规定处理。不准威胁、恐吓受害人，私下了结。

（四）禁止“黄、赌、毒”

从根本上解决农村的“黄、赌、毒”问题，必须坚持职能部门的专门工作与广大群众主动参与相结合的方针，实行打击与防范并举，标本兼治。在农村要根据“黄、赌、毒”违法犯罪活动的不同特点，摸清底数，选准重点，及时开展重点整治和打击行动。“禁黄”的重点就是要解决“黄源”问题，对那些制黄、贩黄的以及传播、销售黄色制品的窝点要重拳出击，严厉惩处。“禁赌”就是要对那些以赌为业的人员严密控制，做到心中有数，坚决铲除聚赌“窝点”。“禁毒”必须坚持“禁贩、禁种、禁吸”三禁并举和堵源截流、标本兼治的方针。在山区农村尤其要加强法制教育，严防少数群众受利益驱动种植毒品。在农村禁止“黄、赌、毒”是一项艰难复杂的工作,必须加强领导,加强教育宣传,加强管理,充分发动和依靠广大人民群众揭露"黄、赌、毒"违法犯罪活动。

(五)引导农民移风易俗,破除封建迷信

对农民要加强唯物论、无神论基本常识和其他科学知识的宣传。在发展农村教育、提高农民文化水平的基础上,利用多种形式,宣传科教兴农,宣传科学知识、科学方法和科学思想,引导农民破除迷信、崇尚科学,树立与现代文明相适应的思想观念。严格区分宗教信仰与封建迷信活动的界限,坚决遏止封建迷信蔓延、宗族势力抬头的不良风气。要通过行政和法律手段,取缔求神问卜等封建迷信活动。要重视对婚嫁丧葬、节日祭祀等民事活动的引导,实行婚事丧事简办,推进殡葬改革,反对赌博等社会丑恶现象,提倡科学、健康、文明的生活方式,引导农民移风易俗,破除封建迷信,逐步改善农村社会风气。

二、加强农村文化教育管理

文盲、半文盲,是指年满 15 周岁以上不识字或识字很少、未达到国家规定的脱盲标准的人。个人脱盲标准是:农民识 1 500 个汉字,企业和事业单位职工、城镇居民识 2 000 个汉字;能够看懂浅显通俗的报刊、文章,能够记简单的账目,能够书写简单的应用文。基本扫除青壮年文盲单位的标准是:其下属的每个单位,1949 年 10 月 1 日以后出生的年满 15 周岁以上人口中的非文盲人数,除丧失学习能力的以外,在农村达到 95%以上,在城镇达到 98%以上,复盲率低于 5%。

农村文化教育管理的内容大体包括两部分:一是各类教育事业。幼儿学前教育、小学教育、对农民进行扫盲教育、文化培训、有关科学技术培训和政治思想教育。二是群众性文化娱乐活动。广播、电视、电影、文艺演出、体育活动、娱乐活动等。

同时要搞好农村家政文化建设。家政建设的内容涉及衣、食、住、行、用等家庭物质生活方面，也涉及文化、情感、伦理等精神生活方面，核心是提高家庭成员素质，提高家庭物质、文化生活质量。搞好农村家政建设，要注意发挥妇联、共青团等群众组织的作用，选择好的载体，贴近群众生活，使群众乐于接受。

三、开展科学技术知识普及活动

首先，要提高广大农民对学科技、用科技重要性的认识。要搞好对农民的科学技术知识普及工作，就必须使农民对科学技术在农业生产以及整个经济发展中的重要作用有所认识。在帮助农民提高认识的过程中，要注意用事实来说话，让农民从科学技术对农业生产的巨大推动作用的事实中认识其重要性。

其次，要充分发挥村干部的示范带头作用。每当一件新事物出现的时候，群众往往要看做什么和怎么做。因此，村干部应该对科学技术知识，尤其是农业实用技术先学一步，多学几手，并积极主动地带领农民群众开展学科技、用科技活动。

再次，要从实际出发，既要考虑到本地的生产和经营需要，又要考虑到农民本身的实际情况，针对不同对象，采用不同的培训内容和培训形式。由点到面，由浅入深，逐步提高，不断辐射。

最后，要帮助农民群众解决在学习科技知识中的各种困难，调动他们学科技、用科技的积极性。

四、加强农村文化设施建设和农村文化市场的管理

农村文化设施是加强农村精神文明建设的重要依托，能否将其建设好，直接影响到农村精神文明建设的进程和水平。从

当前来看，加强农村文化设施建设，主要应抓好以下工作：抓好农村的广播电视设施和群众文化工作网络建设。健全农村广播网，采取国家、集体、个人分别负担的原则，尽快解决广播到村入户的问题。逐步完善电视差转设施，提高农村电视覆盖率，解决偏远地区农民看电视难问题。积极推广一些地方创造的文化与经济结合，以工补农，建立农村宣传文化中心等方面的经验，健全农村群众文化网络，农村文化设施建设要从当地的实际出发，不贪大，不求“洋”，要以满足群众的基本文化生活需要为出发点，注重实用、实效。要严格禁止建立以发展文化、旅游为名兴建宣扬封建迷信的场所。

五、加强对流动儿童少年的义务教育

1998年3月，国家教委、公安部联合颁发了《流动儿童少年就学暂行办法》。该办法规定，流动儿童少年常住户籍所在地政府要严格控制义务教育阶段适龄儿童少年外流，凡常住户籍所在地有监护条件的，可在流入地接受义务教育。流入地政府要为流动儿童少年入学创造条件，提供接受教育的机会。流入地教育部门要具体承担流动儿童少年接受义务教育的管理职责。流入地中小学校要充分利用现有校舍和设备，积极安排流动儿童少年入学，维护他们的正当权益。流动儿童少年的家长或其他监护人，必须保证其适龄子女或其他被监护人接受规定年限的义务教育。

流动儿童少年就学，以在流入地全日制中小学借读为主，也可人民办学校、全日制公办中小学附属教学班（组）以及专门招收流动儿童少年的简易学校。招收流动儿童少年就学的全日制公办中小学，可依国家有关规定按学期收取借读费。专门招收流动儿童少年的学校、简易学校和全日制公办中小学附属教学班(组)收费项目和标准,按国务院发布的《社会力量办学条例》中的有关规定执行。流动儿童少年在流入地接受义务教育的,应经常住户籍所在地的县级教育行政部门或乡级人民政府批准,由其父母或其他监护人,按流入地人民政府和教育部门有关规定,向住所附近中小学提出申请。流动儿童少年常住户籍所在地人民政府、县级教育行政部门、学校和公安派出所应建立流动儿童少年登记制度。流入地中小学应为在校流动儿童少年建立临时学籍。

第七节 农村剩余劳动力转移

随着城镇化进程的快速推进,农村剩余劳动力大规模涌向城市,这已成为各国工业化成长阶段所面临的一个共同问题。

一、概念

所谓农村剩余劳动力转移,是指边际收入为零或负数的农村劳动力转移到其他行业从事生产经营活动。

二、我国农村剩余劳动力转移的基本情况

我国农村剩余劳动力转移的总体状况如下。

(1)转移规模大,增速快。

(2)进城务工人员年龄构成轻,从农村转向城市的基本上以劳动年龄人口为主体。

(3)文化素质偏低和劳动能力偏强。

(4)农村劳动力转移的基本流向是由落后地区人口大省向

中心城市和沿海发达地区流动。

(5)农村劳动力转移到城市后主要在劳动密集型产业就业。

(6)农村剩余劳动力转移到城市后以灵活就业为主。

(7)外出务工已经成为许多地区农民增收的主要来源。

(8)多数进城务工人员还没有从农业中完全分离出来。

三、农村剩余劳动力转移的意义

(一)优化资源配置,填补城市劳动力的空缺

农村剩余劳动力的转移,不仅使劳动力的边际收益为正,还可以使农村土地资源重新进行配置,优化生产要素组合,有利于农业生产的稳定增长和农村经济的协调发展。另一方面,还可以填补城市劳动力所不愿从事的岗位,推动了城市劳动力市场的发展,加快了城市化的进程。

(二)增加收入,起到辐射与示范效应

农村剩余劳动力的转移,一方面增加了外出劳动力的经济收入,在外接受了大量的信息,开阔了视野,增长了才干,带回了新的思想;另一方面当他们再回到农村,很多成为当地生产经营的能手和骨干,带动当地一批人成长和发展起来,给当地注入新活力,对当地经济的发展起到良好的辐射和示范效应。

(三)打破城乡割裂的局面,推动城乡一体化进程

城乡二元经济结构极大地束缚了农村的经济发展,使得农村长期落后于城市。当城镇化进程加速后,原有的农村变成了城镇,农民变成了市民,城乡割裂的局面在这里荡然无存,农村剩余劳动力转移到城市,由原来的农业工人转变为城市工人,享受城市工人的待遇,从而进一步推动城乡一体化发展。

（四）解放思想，转变观念，提高农村人口素质

农村剩余劳动力转移到城镇后，会受到城市生活方式和生活观念的影响，改变原有的一些陋习，接受一些新鲜的事物，转变婚恋和生育观念，降低人口出生率，提高人口质量，愿意花费较多的教育投资培养子女，从而提高整个农村的人口素质。

第八节　新农村卫生事业

搞好农村卫生是保证农民以高素质的智力、体力发展生产、繁荣经济的基本条件之一。作为农村公共事业的重要组成部分，大力发展农村卫生事业，提高农民健康水平，对于保护农村生产力、振兴农村经济、维护农村社会发展和稳定的大局，对于构建和谐社会、建设社会主义新农村意义十分重大。

一、发展新农村卫生事业的关键

（一）进一步巩固农村初级卫生保健工作的成果

农村初级卫生保健是服务于农村居民的、适应农村经济社会发展的基本卫生保健服务。要通过深化改革、健全农村卫生的服务体系，不断加大力度完善服务功能以及农民医疗保障制度，将农村的重大疾病控制措施进一步落实，开展健康教育和健康促进，并将中医药的特点与优势继续发挥出来，建立基本覆盖农民的新型农村合作医疗保障制度，解决农民基本医疗预防保健问题。

（二）建立和完善新型农村合作医疗制度

建立和完善新型农村合作医疗制度，使其做到以大病统筹

为主，提高并落实各级财政补助资金；进一步落实对弱势群体的补助政策，要将农村五保户、贫困孕产妇、低保户、丧失劳动能力的残疾人等全部纳入新型的农村合作医疗，对发生大额医疗费用，并严重影响基本生存的农民，应合理予以补助，缓解农民的因病致贫或返贫的情况；加强建设管理经办机构和定点医疗机构的力度，对于医疗收费标准严格执行，提高医疗服务的质量，加强信息化和网络化建设，建立公平、高效、持久的运行机制，以及安全合理的监督监测机制，为建立基本覆盖农村的新型农村合作医疗制度奠定坚实基础。充分发挥出合作医疗制度对于农村社会事业发展的积极作用。

（三）进一步强化农村基本医疗卫生事业的服务能力建设

全面地完成乡镇卫生院的上划工作，加强建设乡级防疫、保健等机构，并根据区域卫生规划和基本医疗客观需要，对现有的卫生资源进行优化、重组、调整，使公共卫生和基本医疗服务的基础设施和条件进一步完备，充分发挥出农村卫生网络的整体功能，以保证农民群众的基本医疗和卫生保健需求都得到满足，同时，加大农村医疗卫生机构的人事、分配制度的改革力度，适当调动人员积极性，促使乡镇医疗卫生机构进一步健康稳健地发展，使其服务能力得到有效提高。

（四）进一步加强农村卫生队伍建设

将农村卫生技术人员的继续教育制度进一步建立健全，把乡村在职的卫生技术人员、管理人员培训规划切实落实。完善城市二级以上医院对口支援农村乡镇卫生院的制度，采取各种方式重点支援乡镇卫生院的建设。此外，实行卫生专业人员准入制度，健全完善农村卫生技术人员执业资格制度，并制定一定的优惠政策，吸引医学院校毕业生到乡镇卫生院来工作；进一步

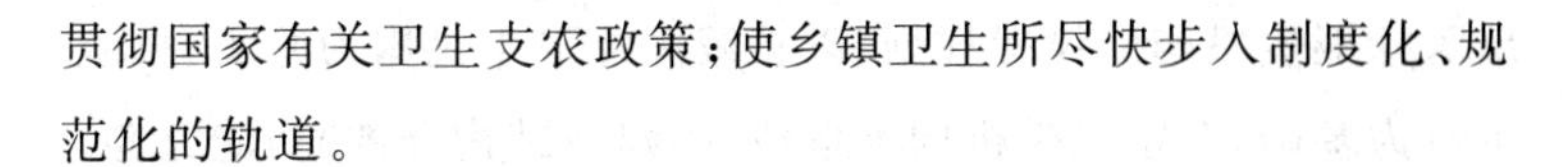

贯彻国家有关卫生支农政策；使乡镇卫生所尽快步入制度化、规范化的轨道。

（五）加强对农村卫生事业的投入力度

在强化基础、立足当前的前提下，全面加强农村重大疾病的防控能力、提供基本医疗服务能力以及公共卫生执法监管能力建设，并放眼未来，构建长效机制。以农村公共卫生基本项目和基本医疗服务内容为基础，全额地安排预防保健机构的人员以及业务经费，使乡镇卫生院开展基本医疗服务的日常开销得到强有力的保障。

二、目前农村卫生事业中的问题与建议

我国当前的农村医疗卫生状况与广大农民群众的健康需求还存在一定程度的差距。首先，医疗卫生的资源配置不合理。由于我国80％的医疗卫生资源都集中在城市的大医院，相对于城市，农村医疗卫生资源就严重地缺乏了，在农村，缺医少药，农民需要进城看病的局面依然存在。其次，农民的基本医疗保障十分欠缺。在一些地区的农村，因病致贫或返贫的居民甚至占贫困人口的2/3。据调查，大多数的农民仍然以自费看病为主。第三，农村医疗卫生的投入远远不够。医疗机构的运行机制主要以群众的诊费作为运行的基本。于是出现了一些医疗机构盲目追求收入，甚至损害群众利益。第四，合格的卫生人才在农村严重缺乏，这使农村医疗难以承担正常的医疗卫生服务任务。

针对在农村卫生事业中出现的一些问题，相关的对策以及建议如下：

（一）进一步建立健全农村卫生服务网络

巩固和建设农村卫生服务网，应当依据区域卫生规划，制定

出医疗卫生机构的设置规划:以县级医疗卫生机构为龙头,村卫生室为基础,乡镇卫生机构为枢纽,构建成结构合理、功能完善、设置规范的农村卫生服务网络。县级医疗卫生机构要对基层医疗卫生机构提供技术支持、人才培养等,充分发挥其业务技术指导和培训中心的作用;乡镇卫生院要强化其基本功能,加强监管村卫生室,积极接受卫生监督局、县疾控中心、妇幼保健等组织的业务指导;村卫生室要在发挥基本功效和作用的同时,以价廉、便捷的医疗卫生工作服务农民。同时,可以通过机制创新,将社区卫生服务和农村初级卫生保健相结合起来,将镇村卫生服务一体化的管理相结合,积极地创造有利条件,把乡镇计生服务站整合到社区卫生服务中心机构中,使社区卫生服务成为农村卫生服务的主要模式,实现资源共享和优势互补。

(二)加强财政投入的力度

政府应调整支出结构,大力对农村卫生事业进行财政投入,将投入重点用于预防保健、卫生监督、基本医疗和医疗保障体系的建立,并积极调整对乡镇中心卫生院的补助方式。对预防保健人员的人员经费和业务经费给予全额补助;对边远山区、卫生院的经费应给予全额补助,预算包括卫生监督机构履行卫生管理和监督职责所需经费、卫生监督人员经费等。在增加对农民医疗保障的投入方面,加大政府对合作医疗和大病统筹的资金投入。针对特困群众的医疗救助,政府应相对给予投入,或建立救助基金,多渠道筹集农村卫生经费,动员社会各界广泛参与,筹集资金,为发展农村卫生事业提供资金保障。

(三)对乡镇卫生院管理、运行机制进行深一步的改革

从各地实际出发,合理地界定乡镇卫生院的管理关系。积极地开展乡镇卫生院运行机制的改革:一是全面地实行聘用制

度。积极建立其卫生系统的人才交流中心，对于新老员工采取不同的机制进行人事制度的改革。实行竞争上岗、按岗聘人的原则。二是任期目标责任制度和院长竞聘上岗制度。坚持公开、公平竞争，择优录取的原则，将作风良好、技术精湛、善于管理的优秀人才聘为乡镇卫生院院长，将院长的责、权、利依法明确。三是改革分配制度。以按劳分配和按生产要素分配相结合的基本原则，建立起重实效、讲贡献，结合公共卫生业绩和医疗技术和服务水平，并向优秀人才与关键岗位倾斜，自主、灵活的分配激励机制。在进行产权制度的改革中，选择改革方式时须充分顾及到当地经济社会发展水平、区域卫生资源等的分布情况，以及医疗卫生单位的实际，还有职工的意愿。鼓励社会其他力量的参与，允许社会组织或个人依照《医疗卫生机构设置规划》，采用合作经营、国有民营、租赁和委托经营等多种形式，参与到政府举办的医疗机构经营管理中来。

(四)进一步建立、健全农民医疗保障体系

借鉴城镇职工医疗保险的相关做法，逐步建立合作医疗与大病统筹相结合为主，特困医疗救助作为补充，覆盖全民的医疗保障体系。进一步完善农村合作医疗制度，坚持将农民自愿和政府引导相互结合，进一步加大政府、集体和个人的筹资力度，增加对合作医疗补助经费，列入政府预算，并随着财政收入增加而逐年提高。使管理层次得到有效提高，从而强化合作医疗抗风险的能力。

(五)着力提高农村卫生技术人员的整体素质

目前，乡镇卫生院人员素质普遍相对较低，针对这个现实，要采取积极的措施，进一步快速调整农村卫生技术人员的结构，可以对非卫生技术人员的比例进行降低；可以对农村卫生技术人员的学历教育、继续医学教育、业务知识、基本技能等项目制定出不同学制的培训规划。大力发挥出医学院、卫生职业技术学院等组织的作用，向乡镇卫生院和村卫生室培养定向的技术骨干，使卫技人员全科医学知识面以及培训范围得到不断的拓宽。在政策上，继续稳定农村卫生技术骨干队伍，培养、引进专业的技术人才。可以开展城市医院对口支持农村卫生院建设以及卫生下乡工作，开展城市医院积极帮助农村培养技术骨干、实用型人才的项目，同时制定相关政策与计划。有计划、有目的地开展技术指导和业务培训。

第九节　农村金融

随着农村经济的发展和农村金融制度改革与创新的推进，作为现代经济核心的金融与农村经济发展的联系日益紧密，小额贷款、农业保险、农村信用等金融概念开始进入农民生活。本节主要介绍农村金融体系的构成与特征、农村小额信用贷款、村镇银行与农村资金互助社、农村典当与租赁、农业保险等方面的内容。

一、农村金融体系的构成与特征

农村金融就是农村货币资金的融通，指应用信用手段对农村货币资金的筹集、分配和管理的活动。它主要以服务农村经济为主，除了有其他金融所共有的特点外，还具有涉及范围广、风险性高、政策性强和管理难度大等特点。

农村金融体系是由若干农村金融机构组合而成的关于农村和农业发展资金融通的有机整体。农村金融体系大致可以分为三类。

（一）农村政策性金融

农村政策性金融是以贯彻和执行国家政策为原则，支持农村经济发展和农民持续增收为目的，在涉及农村相关领域从事的一种特殊的资金融通活动。农村政策性金融的特征主要体现在：首先，农村政策性金融要随着国家政策的转移而不断调整经营方向；其次，农村政策性金融是以支持和保护农村经济为目的，因而带有明显的非营利性质；再次，农村政策性金融可以不顾贷款风险而给予低收入和贫困地区的农民发放贷款，从而在一定程度上解决了农民贷款难的问题，所以具有一定的扶持和福利性质。

（二）农村合作性金融

农村合作性金融是指在农村商品经济发展的背景下，人们为了共同利益采取自愿入股的方式，在资金上相互帮助、相互融通的一种货币资金融通形式。农村合作性金融体现一种自愿、自主和互利的合作关系，并遵循集体入股、门户开放、民主管理、股票等价让渡、盈余分配等原则。农村合作性金融的具有如下特征：第一，农村合作性金融大多是农村的农民和经营效益较低的农村中小企业自愿入股采用合作组织形式所经营的金融；第二，农村合作性金融除了为本组织成员服务外，还为帮助其他成员解决经济问题，一般不以营利为目的；第三，农村合作性金融中的组织者可以是自然人也可以是法人，组织中的每一个成员都享有平等的权力和地位；第四，农村合作性金融组织往往得到政府减免税收等相关政策的优惠。

（三）农村商业性金融

农村商业性金融主要追求股东利润最大化，并以商业银行等股份制金融机构的服务为主。其中，农村商业性金融机构除了给工商业发放贷款外，同时也向农村经济比较发达的农民提供各种服务，不仅包括储蓄和贷款，还包括汇款、委托理财、代理保险等服务。在组织成分上，只要购买农村商业性金融机构的股票，就能成为机构的股东，且这些股票可以自由转让，但不能退股；在管理方式上，主要采取以股东所投的金额为标准，实现的是一股一票管理制。

二、农村小额信用贷款

农村小额信用贷款简称农村小额信贷，它是一种为收入较低的农民提供信贷服务的贷款方式，既与正规的银行金融机构大贷款方式有着明显的区别，也不同于民间的非正规贷款方式，同时也区别于一般的扶贫方式。农村小额信用贷款的主要服务对象是低收入农民，实行小额短期贷款和分期还款的方式，其机构具有规范的监管制度和严密的组织纪律，以减少和避免为无抵押贷款的农民提供信贷服务的风险。

我国农村小额信用贷款发端于20世纪90年代初，以1993年中国社会科学院农村发展研究所在福特基金和孟加拉乡村银行的资助下引入孟加拉乡村银行的小额信贷模式到我国为开端。1999年7月，中国人民银行颁布《农村信用社农户小额信用贷款管理暂行办法》，从此，农户小额信用贷款和农户联保贷款服务开始在我国部分省市的农村信用合作社进行试点推行。2001年底，中国人民银行再次下发《农村信用社农户小额信用贷款管理指导意见》，《意见》要求各地农村信用合作社适时开办农户小额信用贷款，并要简化贷款手续程序，方便农户借贷。2008年5月4日，中国银监会和人民银行联合下发《关于小额贷款公司试点的指导意见》,这个文件的颁布推动了我国小额信贷走上规范化的发展道路。

我国农村小额信用贷款经过十几年的摸索、创新和发展,出现了丰富的农村小额信用贷款业务,大致有三种类型:民间组织操作的小额信用贷款、政府部门操作的小额信用贷款和金融机构操作的小额信用贷款。

三、村镇银行与农村资金互助社

(一)村镇银行

村镇银行是指经中国银行业监督管理委员会依据有关法律、法规批准,由境内外金融机构、境内非金融机构企业法人、境内自然人出资,在农村地区设立的主要为当地农民、农业和农村经济发展提供金融服务的银行业金融机构。村镇银行是独立的企业法人,享有由股东投资形成的全部法人财产权,依法享有民事权利,并以全部法人财产独立承担民事责任。2006 年 12 月 20 日,中国银监会颁布《关于调整放宽农村地区银行业金融机构准入政策更好支持社会主义新农村建设的若干意见》,明确提出了鼓励在农村新设村镇银行的要求。为了落实这一要求,中国银监会又于 2007 年 1 月 22 日颁布《村镇银行管理暂行规定》,该规定对村镇银行的性质、法律地位、机构设立、股权设置及股东资格、公司治理、经营管理、监督检查、机构变更与终止等方面分别作出较为严格的规范,体现了"低门槛,严监管"的原则,为我国村镇银行健康有序的发展提供了重要的法律保障。

(二)农村资金互助社

农村资金互助社是指经银行业监督管理机构批准,由乡(镇)、行政村农民和农村小企业自愿入股组成,为社员提供存款、贷款、结算等业务的社区互助性银行业金融机构。中央在2005年和2006年发布关于农村工作的“一号文件”中明确提出了引导农户发展资金互助社的要求，并加大对农村金融改革和扶持的力度。同时，为满足农村经济发展和社会主义新农村建设的需要，中国银监会于2006年12月20发布了《关于调整放宽农村地区银行业金融机构准入政策更好支持社会主义新农村建设的若干意见》，鼓励在农村新设资金互助社等新型农村金融机构，这不仅是我国金融市场准入政策的重要突破，同时也是我国农村金融制度改革的重大创新。随后，中国银行业监督管理委员会2007年1月22日颁发《农村资金互助社管理暂行规定》，分别对农村资金互助社机构设立、社员、组织机构、经营管理、监督管理、合并分立和解散清算等方面进行了严格规定，以便更好地促进农村资金互助社规范化的发展。同时，作为《农村资金互助社管理暂行规定》的配套文件，银监会2007年2月4日又印发了《农村资金互助社组建审批工作指引》，对组建工作程序、审核内容及有关要求作了明确的规定，加强规范农村资金互助社的筹建和开业两个阶段的工作。

四、农村典当与租赁

（一）农村典当

典当是指当户将其动产、财产权利作为当物质押或者抵押给典当行，交付一定比例费用，取得当金，并在约定期限内支付当金利息、偿还当金、赎回当物的行为。此外，典当行的经营范围不仅可以做动产、财产权利质押，还可以做房地产抵押。早在1993年，中国人民银行就出台《关于加强典当行管理的通知》，明确提出典当行是由中国人民银行主管的以实物质押形式为个体工商户和城乡居民提供临时性贷款的非银行金融机构。当前，我国的典当业尚未有专门的一部法律，仍然主要依据2005年4月1日商务部和公安部联合颁布的《典当管理办法》。另外，我国典当业的政策法规还包括《担保法》《物权法》和国务院其他部门出台的政策法规中涉及典当业的规定以及各地方有关典当业的规定等。

(二)农村租赁

租赁是采用商品信贷和资金信贷相结合，贸易和金融相结合同时进行，是所有者(出租人)向使用者(承租人)提供所需商品，按期收取租金的一种信用方式，是所有权与使用权的一种借贷关系。改革开放以来，农村经济的迅速发展，农民的市场意识和农业生产经营管理观念有了极大提高，农村租赁逐渐受到广大农户的青睐。目前，我国农村租赁主要有四种类型：一是农业机械设备租赁。由于农民收入有限，直接购买农副业生产机械设备不划算也不大可能，因此通过租赁方式来减少农业生产投入成本。二是运输工具租赁。随着“村村通”工程的推进，农村路况有所改善，农村运输开始发展起来，当有些大型货物无法用小型运输工具运载时，农户只有通过租赁大型的交通工具来运载。三是建筑器材租赁。社会主义新农村建设致使农村建筑热的出现，农户除了需要购买建筑材料外，还需要租赁如吊车、架板、脚手架、搅拌机、切割机、铁盒子等之类的建筑器材。四是婚丧用具租赁。农村在办喜丧事时往往需要租赁餐具、灶具、殡仪车等。随着农村第三产业的发展，农民收入的不断增加，我国农村租赁业已出现良好的发展势头。

五、农业保险

农业保险是由开展保险业务的机构通过聚集大量农业生产单位或农户,合理计算损失分摊金,建立共同基金,对农业生产过程中遭受的意外损失提供资金补偿。农业保险主要有种植业保险和养殖业保险两大类。其中,种植业保险又分为包括人工栽培的生长期及收获期的农作物为保险标的农作物保险和包括森林、经济林及苗圃为保险标的林木保险,而养殖业保险主要是以农牧场或个人饲养的畜禽、水产动物及其他养殖为保险标的保险。我国已颁布和出台了大量关于发展农业保险,建立和完善农业保险制度的政策法规,为我国农业保险事业发展创造了有利的外部条件。《农业法》第六章第 46 条规定建立和完善农业保险制度。我国政府在“十一五”规划纲要中明确提出发展农业保险、责任保险,建立国家支持的农业和巨灾再保险体系。2004—2009 年的中央连续发布关于农村工作的“一号文件”中均对加快建立政策性农业保险制度,不断扩大试点范围作了重要规定。另外,2008 年 10 月党的十七届三中全会通过的《中共中央关于推进农村改革发展若干重大问题的决定》又进一步要求健全政策性农业保险制度。

第六章　新农村社会保障制度

社会保障制度是关系到社会稳定与和谐发展的重要基石，在新农村建设中，社会各群体成员应对社会保障的发展共同努力，政府在推动新农村社会保障这一事业的发展中起着主导的、不可替代的作用。

第一节　健全新农村社会保障制度的重要意义

一、是深化社会主义市场经济体制改革的必然要求

在现代市场经济中，社会保障制度是不可或缺的重要组成部分，也是市场经济运行不可缺少的条件。我国的社会主义新农村建设，也是社会主义市场经济体制改革中农村部分的延伸与进一步深化，其本质是将农村进行现代化改造，促使农民自主创业，实现农业产业化和集约化，并最终走向市场，使农村的劳动力进行社会化分工，使农村经济体制与农村经济社会发展的客观规律之间的关系更符合、更相适应。因此，社会主义新农村建设，必须对社会保障制度进行健全和完善，使之与整个经济社会制度相匹配、相适应、相协调。

二、是适应市场经济发展和保持社会稳定的客观需要

市场经济是一种竞争经济，所以优胜劣汰以及强弱分化一

直都存在，无论对于企业还是个人来说，有优胜与发展，就必然会有破产和淘汰。这是市场经济固有的客观规律。但与此同时，竞争还会淘汰老弱病残孕等不能正常从事劳动的人，在竞争中，这些人的基本生活处在难以维持的境况下。而社会保障作为一种社会机制，应充分发挥其稳定机制和调节功能：作为稳定机制，它可以维护社会的安定；作为调节功能，它具有合理配置和优化组合社会资源的作用。在社会主义新农村建设中，若忽视新农村社会保障制度的建立与完善，对农业走向市场采取完全放任的做法，必然会强化市场经济“强弱分化”消极作用，拉大贫富差距，最终促成社会的不安定因素，进而导致社会不稳定。

三、是农业现代化、产业化和集约化生产的基础条件

作为传统的农业大国，在中国，农民历来都是将土地当做祖辈生息之本和抵御风险的基本的、可靠的保障。在社会主义新农村建设中，对农村自给自足的落后生产模式进行改造，实现农业现代化、集约化、商品化生产，必然导致农村现有的土地经营模式转为集约化、规模化的方向。因此，为了真正帮助农民抵御未来生老病死，以及伤残等事故风险，消除他们的后顾之忧，就必须健全和完善包括“社会保险、社会救助、社会福利”在内的社会保障制度。否则，即使他们能够在非农产业获得稳定而较高的收入，依然不会放弃土地的使用经营权，导致农村农业现代化、规模化、产业化、集约化、商品化的改造依然难于实现。

四、是适应农村社会家庭变化和发展的客观要求

社会主义新农村建设的进一步推进，尤其是农村土地经营模式的规模化、机械化、集约化、现代化转变，将带动更多数目的

农民离开土地，从事非农产业的工作，甚至是进入城镇。农村传统的大家庭模式将逐步削弱，有父母和子女居住的、小型核心的家庭结构，将会进一步简化，留守的老人和儿童等现象会继续增多，甚至普遍化。这样的事实导致农村传统的养老、抚养教育等形式都将受到严重挑战，随着农村家庭的养老、教育功能的逐渐弱化，相关的社会保障制度如"社会保险、社会救助、社会福利"等，包括完善养老、医疗、扶弱、帮困、卫生等家庭保障和社会救助体系，将会迫切地被需要，其实施也直接影响到新农村建设中的经济发展与社会和谐。

五、是构建和谐社会的迫切要求

由于农村社会的建设相对滞后，这导致了农民群众在享有公共服务资源方面的不公平。构建和谐社会，有责任让农民也切实受到社会的公正待遇。

第二节　健全新农村社会保障制度的对策

全面落实发展新农村建设，进一步建立和完善我国农村社会保障制度的对策具体说来，可以分为以下几个方面。

一、稳步实施农村社会保障制度

目前，我国农村社会保障制度各方面的工作还不够充分，所以可以先拿一些经济比较发达的地区做试点，在经验、条件成熟之后，再逐步扩大农村社会保障的范围。另外，由于目前我国城乡之间在就业结构、收入结构、消费结构等方面都有着较大差别，我们就不能一味追求城乡一体化，应立足我国国情，在适当的时候，再使农村社会保障制度与城镇社会保障制度统一接轨。同时要考虑到不同地区的社会保障标准、模式要有所不同，要根据各地经济发展的情况，形成层次分明、标准不同的社会保障制度。

二、不断完善农村社会保障体系

根据目前我国的实际情况，农村社会保障体系的基本框架为：

（一）农村社会保险

农村社会保险包括农村医疗保险和农村养老保险。从发达国家的经验来看，农村医疗保障制度建立的时间均比农村养老保险制度建立的时间早，很显然农村医疗保险制度的建立对于农村社会保障制度的建立有重大意义。现在当务之急就是要尽快推行新型农村合作医疗制度。我国新型农村合作医疗制度应以大病医疗统筹为主，适当兼顾小病费用的报销。应实现筹资方式多元化，由政府、农村集体经济组织和农民个人三方共同负担。中央、省（自治区、直辖市）、市、县和乡五级政府都要对其给予资金补助。此外各级政府在给予新型农村合作医疗制度资金补助时不能“一刀切”，上级政府对所辖范围内的经济欠发达地区应给予重点支持。有条件的村集体经济组织对本地新型农村合作医疗制度应给予适当扶持。农民个人出资应坚持自愿参加的原则，随着农村经济的不断进步，以及农民收入的增加，需要逐步过渡到一定范围内强制性参加的原则。由于各地经济发展水平不同，不同地区三方出资的比例也应该有所不同。此外，为促进我国新型农村合作医疗制度的创建，应尽快建立和完善农村医疗救助制度。对于低收入群体，应资助他们参加农村合作医疗，对其大病以及大额医疗费给予补助，这样可以帮助低收入群体解决医疗负担的问题，并能提高他们的健康水平。

（二）农村养老保险

立足我国国情，农村养老保险既无法实现完全社会化，也不可能完全由家庭养老，所以应采用自我养老、家庭养老、社区养老和社会养老等多元化的养老模式，让这四种养老方式相互补充、相互协调。以社会养老为主体，自我养老为根本，家庭养老、社区养老为辅助。

（三）农村社会救助

农村社会救助是社会和政府对一部分生活确实有困难的农村居民给予资金或是物资帮助，以保证其最低生活需要。社会救助作为最低层次的保障，也是应用最广的保障，无论在经济落后地区还是在经济发达地区，都会有人需要政府的救助。因此，做好农村社会救助工作能够促进我国农村社会保障制度的建立与完善。一是目前要在经济发达地区尽快建立农村最低生活保障制度，在经济欠发达地区实行农村特困户救助制度。随着农村经济的不断发展，要在全国范围内实施农村最低生活保障制度。二是要准确界定农村社会救助的对象。目前我国农村社会救助的对象包括：因灾、因病致贫的家庭；因缺少劳动力而造成生活困难的家庭；无劳动能力、无生活来源的鳏寡孤独人员。受救助的家庭中的小孩就读中小学的学杂费可适当减免。三是要科学确定农村社会救助的标准。四是要明确农村社会救助的资金来源。应由市、县、乡三级财政按比例负担，至于这种比例，应根据各地的实际情况确定。经济条件好的乡财政负担的多一些，经济条件差的市、县就少负担一些。另外，省级财政要安排专项资金对经济困难县市给予适当的补助。中央财政也要对农村社会救助给予转移支付。同时还可以借助社会力量,多途径筹措农村社会救助资金。

(四)农村社会福利

农村社会福利是指为农村特殊对象和社区居民提供除社会保险和社会救济以外的保障措施与公益性事业,它是农村社会保障制度的一个重要内容。农村社会福利的主体是孤、寡、老、病、残等特殊群体。当前我国的农村社会福利主要依靠地方、集体以及社会的力量来逐步加以完善。争取能在一乡建立一院(敬老院)、一厂(福利工厂),逐步提高孤、寡人员集中供养的比例,办好福利工厂,并安置残疾人就业。农村社会福利要与农村社区服务有机地结合在一起。通过为这些特殊群体提供某些生活方面的上门服务,兴办各种文化、娱乐等福利设施和公益事业,逐步提高人民生活水平,改善人民生活质量。

(五)优抚安置

优抚安置是政府对以军人及其家属为主体的优抚安置对象进行物质照顾和精神慰藉的一种制度。做好优抚安置工作有利于维护社会安定,有利于促进国防建设。一是农村籍的义务兵退出现役后,应回原籍安置,对于无房、缺房的退伍军人,地方财政应拨专款帮助他们建房。二是通过对优抚对象采取信贷支持、减免税费等倾斜性政策,扶持他们发展生产以及搞多种经营,提高他们的收入水平。三是通过对优抚对象提供就业信息服务,开展就业培训,进行就业指导,多渠道开辟优抚对象的就业门路。四是建立抚恤补助金自然增长机制,适当增加优抚对象抚恤补助标准,尤其是立功、伤残军人的补助标准要高于一般的退伍军人。

三、确保农村社会保障制度的顺利实施

（一）建立全国统一的农村社会保障管理机构

目前，负责农村社会保障事业的管理部门有农业、民政、财政、卫生、扶贫办等部门。由于各部门从各部门的利益出发，各自为政，造成农村社会保障操作不规范。为提高农村社会保障的组织、协调、管理水平，各级政府都应组建专门的农村社会保障委员会，主要负责制定农村社会保障事业的发展计划、重大政策、收费标准、支付标准、指导性管理和监督检查等工作；委员会下设经办机构，主要负责执行国家颁布的有关法律法规，按规定开展日常的农村社会保障基金收缴、支付等具体工作。

（二）建立健全农村社会保障基金的管理制度，使其保值增值

由于我国农村人口众多，筹集的保障基金又有限，如果无法保证基金的保值增值，就会影响农村社会保障制度的顺利实施。首先要保证资金的安全，把一部分结余资金用于购买国库券和国家特种国债，这样既能支持国家的经济建设，又能保证资金的增值安全。其次要考虑到资金的增值，可以把一部分结余资金交由专业投资公司进行市场投资，以提高其增值率，用于补充保障基金的不足。

（三）加强对农村社会保障基金的监管，以提高使用效益

首先是农村社会保障经办机构要定期向农村社会保障委员会汇报农村社会保障基金的收支、使用情况；并通过各种途径，定期向社会公布农村社会保障基金的具体收支和使用情况，保证参加社会保障农民的参与、知情和监督的权利。二是财政部门和审计部门要定期不定期地对农村社会保障基金的使用管理

情况进行监督检查。

（四）加快农村社会保障专业人才的培养

农村社会保障制度是一项复杂的社会系统工程，其涉及面广，政策性、技术性都很强，管理水平的要求理应是相当高的。这就要求从业人员不仅要熟知农村的基本状况，了解人民群众的需求和呼声，而且还要有良好的业务水平和政治素质。然而现状与这一要求有很大的差距，因此除了对现有的人员进行系统培训，提高其理论水平和管理水平外，还要积极采取各种措施，培养专门的农村社会保障专业人才。

四、加快农村社会保障制度法制建设的步伐

加快农村社会保障立法关系着农村社会保障制度改革和农村社会保障基金保值增值。目前社会保障在农村举步维艰，其中一个重要的原因就是社会保障立法滞后。要建立起与农村经济和社会发展相适应的、比较规范的农村社会保障制度，必须加快农村社会保障制度的立法步伐。现在当务之急是尽快制定《农村社会保险法》《农村社会福利法》《农村社会救济法》等法律性法规。各地再根据实际情况，在有关法律法规的基础上，制定具体的实施细则，以推动当地农村社会保障事业顺利进行。

第七章　农村基层民主法制建设

第一节　农村基层民主与村民自治

一、农村基层民主概述

农村基层民主法制建设，是在党的领导下亿万农民依照法律和规章制度管理基层公共事务和公益事业的生动实践，是实施依法治国方略的基础工程，是社会主义政治文明建设的重要组成部分。党和国家历来十分重视农村基层民主法制建设。改革开放，特别是十三届四中全会以来，农村基层民主法制建设有了长足发展，取得了显著成效。

二、加强农村基层民主建设的措施

尽管我国农村的基层民主建设取得了很大的成就，但是在建设社会主义新农村的背景下，对我国农村基层民主法制建设提出了新的更高的要求。进一步加强农村基层民主法制建设，对于全面贯彻落实“三个代表”重要思想，实现和维护农民群众的根本利益，推进我国民主政治建设进程，建设社会主义政治文明，维护社会稳定，都具有十分重要的意义。

(一)扩大农村基层民主,全面推进农村民主政治建设

农村民主政治建设工作的要求是:健全民主选举制度,规范民主决策程序,完善民主管理机制,强化民主监督力度。村党组织、村委会、村经济合作社等基层组织都要按照这个要求,加强自身建设,明确职责,理顺关系,保证农民群众直接行使权利,依法管理自己的事情,真正让群众当家做主。

(二)积极开展"民主法治村"建设,全面推进依法治村

(1)坚持以点带面,整体提高创建水平。重点培育各地区"民主法治示范村",同时,通过这些村的典型示范,辐射带动周边各村,形成循序渐进、稳步发展的良好态势。

(2)把握重点环节,进一步提高民主化程度。民主法治示范村创建工作面广、量大,涉及村务工作的方方面面,在创建活动中,必须紧紧围绕民主选举、民主决策、民主管理、民主监督等重点环节,抓好村级各项制度的制定、完善和落实,真正做到依法建制、依制治村,切实保证村民的民主权利,确保村级各项工作管理规范、运作有序。要坚持统筹兼顾,把"民主法治示范村"创建活动与农村其他创建活动有机结合起来,最大限度地维护人民群众的根本利益。

(3)加强对农民的教育引导,形成广泛参与的创建格局。一要更新观念,促使农村普法教育呈现新特色。农村普法教育,不能眉毛胡子一把抓,要坚持以人为本的科学发展观,农民渴望什么,就送给什么,最需要什么,就宣传什么,重点宣传与农民生产生活密切相关的法律法规,把服务农民、切实维护农民的根本利益作为新农村普法教育的出发点和落脚点。二要整合资源,促使农村普法教育得到新发展。要整合职能资源,强化并规范基层涉农部门工作职能,充分发挥人民调解、法律服务、安置帮教、

行政执法、司法公正等法制宣传教育功能，提高普法教育的社会效益。要整合人才资源，组建由人民调解员、司法助理员、法律服务工作者、行政执法人员、法官、警官和检察官组成的"普法讲师团"，开展经常性的"送法下乡"活动，变"法律下乡"为"法律驻乡"。要整合阵地资源，充分发挥法制学校、法律图书室、电视广播、墙报标语等积极作用，把法治文化和法律知识送给农民。三要创新载体，促使新农村普法教育新成效。要创新宣传形式，选择农民最喜爱、最易接受的宣传方式，寓教于乐。

三、村民自治与农村基层民主

村民自治，是指村民通过村民自治组织依法办理与村民利益相关的村内事务，实现村民的自我管理、自我教育和自我服务，从而实行民主选举、民主决策、民主管理、民主监督的一项基本社会政治制度。依法实行村民自治，是发展农村民主政治的需要，是农民当家做主的有效形式。依法实行村民自治，对于理顺群众情绪、处理人民内部矛盾、规范村务管理、密切干群关系、调动农民积极性等方面具有不可替代的作用，是解决农村社会问题、化解人民内部矛盾的有效途径。村民自治制度是我国农民利益表达和政治参与的重要制度。

村民自治是中国民主政治建设的试验点和突破口，发展农村基层民主的唯一途径就是要在党的领导下，依靠广大农民的不懈努力来消除存在的制约因素，为村民自治创造条件，因此要搞好基层民主，必须非常注重制度建设。事实表明，村民自治的实际效果与基层各项民主制度的规范性有很大关系。一要严格选举程序，建立和完善村民委员会的直接选举制度。民主选举是村民自治的基础和前提条件，因此必须搞好。二要建立和完善村民议事制度和村民听证会制度。三要建立和完善村务公开等公开办事制度,最大限度地体现民情民意。凡是村民关注的、关系到大家切身利益的问题,都要定期向村民公布;凡村组建设规划宅基地审批、财务收支等事项,都要及时向群众公布。四是实行民主决策,完善村委会的治理结构。要按村委会组织法,落实民主决策、民主管理和民主监督机制。

第二节 农村法制建设

一、农村法制建设概述

依法治国,是我们党确立的社会主义现代化建设的重要目标和基本方略。在我国,大部分地区是农村,农业是国民经济的基础,农民占全国人口的70%,农村法制建设的状况,直接关系和影响到整个国家的法制建设,直接关系到依法治国方略能否实施并取得效果。没有农村法制建设的顺利进行,依法治国的基本方略也就无法顺利实施,只能成为一纸空文。同时新农村的实现也离不开法制建设。

二、加强农村法制建设的措施

(一)完善农村法制建设,树立新型的法治理念

依据新农村建设的目标要求,致力于农村法制建设的完善与创新,树立新型的法治理念,加强对基层干部的法制教育,加强对农民的普法教育。第一,建立完善的法律体系,一是完善农民合作经济组织的立法,二是完善农村村庄建设规划的立法,三是完善农民权益保护的立法,四是完善农业产业化经营的法律

制度，五是完善农民法律援助的立法，六是完善农业生态环境保护的立法。第二，加大“三农”的执法力度，严厉打击各种违法行为，切实保护农民利益。建立健全农村法律服务体系，强化乡镇司法所和农村法律服务机构建设。强化农村执法的监督，充分发挥乡镇人大对基层政府的监督权，发挥纪检监察机关的作用，发挥上级政府对下级政府、上级政府工作部门对下级政府工作部门的监督。特别要加强宣传舆论部门的监督，制定重大案件曝光制度，增强各级各部门及其工作人员的法制观念，确保农村法治的推进，确保各项法律法的严格实施，确保社会主义新农村建设目标的实现。

（二）开展法制宣传教育活动，营造法治氛围

一方面，要本着“农民需要什么就宣传什么”的原则，加大对经济落后地区以及偏远贫困地区的普法宣传力度，增强群众对涉农法律法规的认知度，针对农村建房、征地、社会保障、计划生育、农田水利、山林权属、合伙经营等方面的法律法规，结合农村各项工作的开展，抓住农民最感兴趣的问题，围绕维护农民的合法权益，开展法律宣传，咨询和服务；加强乡镇和村“两委”干部的法制培训工作，充分利用党校、法制培训班，对农村干部分期分批进行轮训，让他们成为守法、用法的带头人。另一方面，要创新法制宣传教育方式方法。应把与农民生产、生活相关的法律法规融入通俗易懂的宣传方式之中，使农民在喜闻乐见的宣传方式中受到潜移默化的法制教育。还可采取“小手拉大手方法”，即在中、小学开设法律知识课，让学生学法、知法、懂法，成为“明白人”，从而带动家庭和亲友了解和掌握法律。基层司法、执法机构也应针对当地发生的典型案例，现场给农民以案解法、以案说法，变“法律下乡”为“法律驻乡”。

（三）拓展农村法律服务领域切实维护农民的合法权益

一要建立农村法律服务机制。完善农村基层法律服务工作者准入制度，适度发展农村基层法律服务力量。建立法律服务人员执业信用档案，实行年度执业情况综合考核，促使农村法律服务人员成为农村地区具有公信力的高素质团队。二要扩大农村法律援助范围。依托基层司法所和法律服务所，充分发挥法律援助工作站和法律援助志愿者的作用，深入开展法律帮困、法律扶贫、法律维权等特色工作。三要拓展法律服务领域。引导城市的律师事务所，以顾问制、服务团制、“结对子”和建立法律服务联络点等多种形式，积极为“三农”提供法律服务，解决农村法律资源不足的问题。

（四）完善村民自治制度，还权于民

村民自治是农村政治文明与法治建设的基础，完善和健全村民自治制度，是促进农村政治文明与法治建设的重要途径。全面实施有关村民自治的法律法规，把《村民委员会组织法》作为农村普法教育的重点，坚持民主选举，民主管理，民主监督，民主决策和政务、财务公开，使农民直接了解村务情况，参与村务管理。村干部要以村民的呼声作为工作的第一信号，把农民群众满意作为农村工作的目标，发挥情为民所系，利为民所谋的先锋模范作用。通过村务公开给群众一个明白，还干部一个清白，防止因村务影响了党群干群关系。变“秋冬算账”为“事前监督”，变“官管民”为“民管官”，真正地把干部的评议权、监督权交给农民群众，提高农民各方面的积极性；使农民对国家各项方针政策有更深刻的了解，让农民意识到法律在维护自身的合法权益，也知道当自身权益受到侵害时以法律作为后盾，使民主和法治精神在农民的心中扎根。

（五）多措并举，加大对农村信息供应量

发展农村经济是提高农民法律意识最根本的方法，但经济发展是长久之计，并非一朝一夕可办到的，当前提高农民法律意识，较快的方法就是要根据广大群众的意愿，利用电视、广播、报纸、宣传栏、学习栏、村民自治机构、民间文艺团体和学校等方式加大对农民信息供应量，满足农民对市场、文化、法律知识及农业产业结构等方面的需求，解决广大农村经济结构方面的信息闭塞问题，推动农村经济的发展，活跃农民的思维，开拓农民的眼界，让广大人民群众生活在浓厚的社会法制氛围中。

第三节　人民调解

一、人民调解委员会的职责和方针

（一）人民调解

人民调解是人民群众运用自己力量实行自我教育、自我管理、自我服务的一种自治活动。具体来说，它在人民调解委员会主持下，以国家法律、法规、规章、政策和社会公德规范为依据，对民间纠纷双方当事人进行调解、劝说，促使他们互相谅解、平等协商，自愿达成协议，消除纷争的一种群众自治活动。人民调解也是我国社会主义民主与法制建设中的重要组成部分。

（二）人民调解委员会的主要职责

人民调解委员会主要职责有：一是依据国家法律法令及有关规定调解有关民间纠纷，主要调解有关财产、权益、人身和其他日常生活中发生的纠纷，它主要指恋爱、婚姻、家庭、赡养、抚养、继承、债务、房屋、宅基地等纠纷,以及因争水、争田、争农机具引起的经营性纠纷;二是宣传法律、法规、规章和国家的政策,教育公民遵纪守法,尊重社会公德;三是向村民委员会、乡镇人民政府报告民间纠纷调解工作情况,并及时反映群众的意见和要求。

(三)人民调解的工作方针

人民调解工作方针是“调防结合,以防为主,多种手段,协同作战”。这工作方针有以下含义:一是人民调解委员会要及时有效地调解各类矛盾纠纷;二是防止矛盾纠纷激化,以防止矛盾纠纷激化为人民调解工作的重点;三是要针对矛盾纠纷的发生、发展规律、特点,有针对性地开展纠纷预防,减少矛盾纠纷发生;四是要与有关部门密切配合,运用经济、行政、法律、政策、说明教育等多种手段化解矛盾纠纷;五是要在党委、政府的领导下,主动与各有关部门结合起来,相互协调、相互配合,共同化解新形势下的矛盾纠纷。

二、人民调解委员会的设立

根据农村实行联产承包制的新情况,有些地区的农村人民调解委员会,实行调解委员包户、调解小组包片、调解委员会包面这种层层落实责任制的形式;也有的地区村与村之间成立联合人民调解组织,来负责解决不同村的村民之间发生的纠纷,以适应已经变化了的农村政治、经济形势。

人民调解委员会的管辖大体有 4 种做法:①纠纷当事人双方户口在同一调解委员会辖区内的,由该调解委员会管辖;②当事人双方户口不在同一个辖区,发生了纠纷,由纠纷发生地调解委员会主动联合另一方调解委员会调解;③当事人户口所在地与居所地不一致的，由居所地调解委员会管辖；④厂矿企业内部职工因婚姻、家庭和财产权益等发生纠纷，由企业内部调解委员会调解。

三、做好调解工作

（一）人民调解委员会要进行普法宣传教育

人民调解委员会的法制宣传工作，主要采取以下3种方法。

（1）通过调解工作进行宣传。通过对纠纷的调解进行宣传，调解哪一种纠纷，即宣传哪一方面的法律、法规、政策和有关的道德规范，采取以案释法，就事讲道德，把法律与道德结合起来。通过典型案例宣传，针对性强，当事人和有关群众看得见，听得懂，便于记，收效会更显著。

（2）针对纠纷发生的规律进行宣传。民间纠纷的发生，也和其他事物一样，一般有规律性，只要细心观察，认真掌握，调解就能收到事半功倍的效果。例如在农村，春节前后结婚多、赌博多，容易发生婚姻家庭纠纷；年终结算分配多，容易发生赡养纠纷；农忙季节生产活动多，容易发生争水、争农机具的纠纷；农闲季节建房多，容易发生房宅基地纠纷，等等。人民调解委员会要善于掌握这些规律，在不同时期，针对多发的纠纷种类，进行有关法律、法规、政策、社会公德的宣传教育。

（3）配合普法进行宣传。普法教育是全民性的法制宣传教育，规模较大，持续时间久。人民调解委员会要抓住时机，针对民间纠纷的具体情况，进行社会主义法制和社会主义公德的教育，容易收到较好的效果。

（二）人民调解委员会应建立工作制度

建立和健全必要的人民调解工作制度，是加强人民调解委员会的业务建设，提高调解人员素质的一个重要方面，同时也是做好人民调解工作的有效保证。人民调解工作制度的建立，应当因地制宜，讲求实效，以便有利于纠纷的及时正确解决。根据《人民调解委员会组织条例》规定和调解工作的实践经验，人民调解委员会应当建立以下几项主要工作制度：①纠纷登记制度；②纠纷讨论和共同调解制度；③岗位责任制度；④矛盾纠纷排查制度；⑤回访制度；⑥矛盾纠纷信息的传递与反馈制度；⑦统计制度；⑧文书档案管理制度。此外，还包括例会制度、培训制度、请示汇报制度、评比制度、业务学习制度等。

(三)对调解人员的要求

在人民调解工作方针中的“调防结合，以防为主”，调解是基础，预防是重点。调解人员要立足于调解，扎扎实实地做好调解工作，必须做到：①思想上重视。要充分认识到做好调解，是贯彻人民调解工作方针的首要环节，是进一步搞好预防的前提和基础。②要掌握调解技巧。针对不同当事人的不同特点，采取灵活的调解方式和调解方法，一把钥匙开一把锁，才能收到事半功倍的效果。③工作上努力。人民调解工作是一项艰苦细致的思想政治工作，这就要求调解人员不仅要为人公正，具有一定的法律专业知识和政策水平，更要有全心全意为人民服务的思想，这样才能在调解工作中，不怕苦、不怕累，不怕打击报复，不计较个人得失，才能做好调解工作。

四、民间纠纷的调解和处理

(一)对民间纠纷处理办法的规定

1990年4月19日，司法部发布的《民间纠纷处理办法》中对处理民间纠纷做了如下规定。

(1)处理民间纠纷,应当充分听取双方当事人的陈述,允许当事人就争议问题展开辩论,并对纠纷事实进行必要的调查。

(2)处理纠纷时,根据需要可以邀请有关单位和群众参加。被邀请的单位和个人,应当协助做好处理纠纷工作。跨地区的民间纠纷,由当事人双方户籍所在地或者居所地的基层人民政府协商处理。

(3)处理民间纠纷,应当先行调解。调解时,要查明事实,分清是非,促使当事人互谅互让,在双方当事人自愿的基础上,达成协议。

(4)调解达成协议的,应当制作调解书,由双方当事人、司法助理员署名并加盖基层人民政府印章。调解书自送达之日起生效,当事人应当履行。

(二)民间纠纷包含的内容

民间纠纷一般指发生在公民与公民之间的涉及人身权利、财产权益和其他日常生活中的争执。例如:婚姻、家庭、赡养、扶养、抚育、继承、债务、房屋、房宅基地、邻里、赔偿、土地、山林、水利、农机具等一般常见的民事纠纷。

属于人民调解委员会调解的纠纷包含纠纷主体为家庭成员、邻里、同事、居民、村民等相互之间,因合法权益受到侵犯或者发生争议而引起的纠纷;按其表现形式分为人身权利纠纷、婚姻纠纷与家庭纠纷、财产权益纠纷、生产经营性纠纷和损害赔偿纠纷等。

(1)人身权利纠纷。主要包括因人身自由,人格尊严以及名誉、荣誉等一般轻微侵权行为引起的纠纷。

(2)婚姻纠纷与家庭纠纷。婚姻纠纷主要包括因恋爱解除婚约、夫妻不和、离婚、离婚带产、寡妇改嫁带产、借婚姻关系索取财物等引起的纠纷；家庭纠纷主要包括婆媳、妯娌、兄弟姐妹、夫妻之间因分家析产、赡养、扶养、抚育及家务引起的纠纷。

(3)财产权益纠纷。主要包括债务、房屋、宅基、继承等方面的纠纷。

(4)生产经营性纠纷。主要包括因种植、养殖、工副、买卖等生产经营方面引起的纠纷。此外，还包括因地界、水电、山林、树木、农机具使用和牲畜使用等生产资料方面引起的纠纷。

(5)损害赔偿纠纷。主要是指一般打架斗殴、轻微伤害等引起的民事赔偿纠纷。

当前，农村人民调解组织要重点调解土地承包政策实施过程产生的各种纠纷，农业产业化服务的经济合同纠纷，征购提留、各业承包、计划生育、划分宅基地、财物管理的干群纠纷。

(三)民间纠纷的受理和调解

(1)人民调解组织受理纠纷有3种方式，即申请受理、主动受理和移交受理。申请受理指纠纷当事人主动要求调委会调解，这表明他们自愿选择调解方式解决纷争，有利于纠纷及时、正确的解决；主动受理是指人民调解组织主动调解，体现了它的自我管理的民主自治组织的性质，有利于防止矛盾激化；移交受理是指已告到基层人民政府、有关部门或起诉到法院的矛盾纠纷，基层人民政府、有关部门或人民法院认为更适宜通过人民调解方式解决的，在征得当事人同意后，移交当地人民调解委员会调解。

(2)在纠纷当事人申请调解和人民调解组织主动调解受理纠纷的方式中，都允许纠纷当事人选择人民调解员调解自己的纠纷。纠纷当事人一方或双方如果拒绝某调解员调解，经过解释，当事人仍然坚持的，人民调解组织应接受纠纷当事人的要求，派其信赖的人民调解员去进行调解。这样做，会更有利于纠纷的及时、公正调解。被替换的人民调解员不该有别的想法。

(3)纠纷受理后，调解的第一个步骤是查明事实、分清是非；第二个步骤是进行调解；第三个步骤是主持协商。上述顺序是进行调解的一般做法。对一个简单的小纠纷来说，由人民调解员一人主持，纠纷双方当事人参加，只需要很短的时间这三个步骤即可同时完成；对一个较大较难的纠纷来说，可能主持协商的人不止一个，双方当事人也可能不止二人，还可能有其他证人、鉴定人等参加，程序相对复杂，进行时间也可能较长。

(4)纠纷受理以后，调解员先要同纠纷双方当事人分别谈话，耐心听取双方的陈述，重视当事人举证，记取他们提供的证人证言及其他证据，需要查看现场的，应及时亲自查看现场，必要时可作现场勘查笔录。在与纠纷当事人谈话中，要实事求是、诚恳和蔼地指出和分析其明显的或其本人承认的缺点与错误，帮助他们提高认识、端正态度。然后向周围群众和一切知情人作调查，向当事人工作单位以及与纠纷有关的一切单位了解情况。总之，要从各方面进行调查，全面搜集证据，掌握第一手材料，查清纠纷事实真相，分清是非曲直。在此基础上，对适用哪些法规、政策或社会公德进行调解解决，做到心中有数，方能奏效。

(5)调解员在查明事实，分清是非，并形成一个初步调解方案的基础上，即可开始对纠纷当事人进行调解。一般先背靠背，条件成熟时，也可面对面，以国家法律、政策、社会公德规范为依据，对纠纷双方进行说服疏导，同时征求群众和有关单位意见，但仅作参考。人民调解员独立自主地提出(比较大的复杂的纠纷，由人民调解委员会集体讨论决定)一个合情合理合法又切实可行的调解方案,根据这个初步方案,进行调解,当纠纷当事人双方意见一致,表示接受调解方案,或者双方意见与调解方案比较接近时,即可确定时间、地点开调解会,主持协商,这样方可取得调解的最佳效果。

(6)召开调解会。"调解会"是人民调解组织调解民间纠纷解决具体问题时,主持纠纷双方当事人当面进行平等协商的一种主要形式,开"调解会"就如同人民法院与仲裁机关的"开庭"一样,都是有其特定含义的,与一般的所谓开会的含义有所不同。开调解会,必须是纠纷当事人双方出席进行。所以,纠纷当事人双方必须按人民调解组织通知的时间、地点出席调解会。调解会由人民调解员1~3人主持,小纠纷可由调解员1人主持,比较大的复杂的纠纷,可由2人或3人主持,由2人以上主持的,应由调解小组或调解委员会明确指定1名调解员为调解会的首席调解员。

(7)签写调解协议书。调解协议,就是在人民调解组织的主持下,纠纷双方当事人平等协商、解决纷争的一致意见。这是纠纷双方当事人同意的、人民调解组织认可的解决具体纠纷的意见和办法,即调解结果。它的内容一般用文字如实记载,形成一个书面的调解协议(即调解协议笔录),由人民调解组织存档备查,必要时,可作为人民调解委员会制发调解协议书(简称调解书)的根据。调解协议的主要内容应包括:调解时间、地点、人民调解员姓名、主要调解参与人姓名及身份等基本情况、纠纷双方当事人姓名及身份等情况、纠纷事实与争议焦点、调解理由;达成的具体协议事项、纠纷双方当事人签名或盖章、主要调解参与人签名或盖章、人民调解员签名或盖章。

调解协议最重要的核心内容是人民调解组织认可、双方当事人协商达成的具体协议事项，必须将这些事项具体、准确、完整地一一填写清楚。至于纠纷事实、争议焦点、调解理由等，由于双方已达成协议，一般可不必详细地交待和论述，可详可简。总之，调解协议要简明扼要，突出达成协议的具体事项。

凡是达不成协议，调解不能成立而结束调解的，人民调解组织和人民调解员应根据情况分别告知纠纷当事人：可申请司法助理员调解；也可申请基层法律服务所调解；还可提请基层人民政府处理；如果是仲裁机关管辖的纠纷，可向有管辖权的仲裁机关申请调解或裁决；如果是法律问题，可向有管辖权的人民法院起诉。这些途径只供纠纷当事人参考，由本人自愿选择。必要时，应劝告纠纷当事人冷静、理智、正确对待，依法办事，不可感情用事，扩大纠纷事态，更不可采取过激行动使矛盾转化为刑事犯罪。

(四)调解协议的履行

达成调解协议以后，矛盾双方必须履行相关义务。履行调解协议的方式，可区分为自觉履行和督促履行两种。

(1)自觉履行。就是在调解协议中负有义务的一方当事人(简称义务人，下同)，不需要人民调解组织的督促和享有权利的一方当事人(简称权利人，下同)的催促，自觉主动地履行协议中确认应尽的义务事项和具体要求，使协议得以兑现。

(2)督促履行。就是在协议确认的履行义务的时间已到或者已经超期，而义务人还没有履行义务的情况下，人民调解组织去提醒、催促义务人履行义务。督促不是强制，而是促使当事人在自愿的前提下，积极履行承担的义务。

人民调解组织主持达成调解协议之后，最关心的事情就是当事人双方能否信守履行协议。只有双方自愿信守、自觉履行协议规定事项之后，具体纠纷才完全彻底消除，调解才算最后成功。所以，人民调解组织在达成协议后，还要进行回访，了解思想动态，继续进行法制宣传与道德教育等思想工作，督促双方履行协议，巩固调解成果。

当事人达成调解协议后翻悔，拒不履行，或者履行了协议规定的部分义务而不履行剩余的其他部分义务，人民调解组织只能采取如下处理办法。

(1)经人民调解委员会研究决定，认为翻悔有理，双方当事人又请求或者同意人民调解组织重新调解的，可以重新调解。

(2)对翻悔有理，但不再接受人民调解组织重新调解的，以及经人民调解委员会研究决定，认为翻悔无理，再次说服教育，讲明无理翻悔后果，动员自觉履行而无效的，均应告知双方当事人自愿选择其他解决纠纷的方式。人民调解委员会应正告当事人切不可实施违法、犯罪行为，也不可扩大纠纷，造成严重后果。

第四节　治安保卫

一、治安的职责和任务

(一)治安保卫的职责

村委会治安保卫委员会有以下职责。

(1)密切联系人民群众，做好防盗、防水、防灾、防治安事故的工作，参加制订并监督执行有关的村规民约或村民自治章程，组织发动群众落实安全岗位责任制。

(2)协助公安部门搞好群众治安联防，维护社会秩序，保卫所在地区的重要部门、要害部门和公共场所的安全，劝阻和制止

违反治安管理条例的行为，维护国家、集体和人民群众的合法权益。

(3)与学校、工矿企业等单位配合，帮助教育有违法和轻微犯罪行为的人认识、改正错误，特别要做好失足青少年的教育挽救工作。

(4)将通缉在案和越狱逃跑的罪犯以及正在被追捕、正在实行犯罪或犯罪后被发现的罪犯扭送公安机关；及时向有关单位和组织报告有可能引起违反社会治安管理条例或者酿成刑事案件的民间纠纷，并协助做好教育疏导工作。

(5)协助公安机关破案。

(6)依法对被管制、假释、宣判缓刑、监外执行和剥夺政治权利的罪犯以及被监视居住的人，进行监督、教育和考察。

(7)教育群众遵纪守法，增强法制观念，树立良好的社会道德风尚。

(8)向基层人民政府和公安部门反映群众对治安保卫工作的意见、要求和建议，协助公安部门做好其他有关社会治安工作。

(二)治安管理任务

社会治安管理的主要任务是：①组织每个村民学法、知法、守法，自觉地维持法律的权威和尊严，同一切违法犯罪行为作斗争。②教育村民之间要团结友爱，和睦相处。③教育村民自觉维护社会秩序和公共安全，不扰乱公共秩序，不妨碍公务人员执行公务。④严禁偷盗、敲诈、哄抢国家、集体、个人财物，严禁赌博，严禁替罪犯隐藏赃物。⑤严禁非法生产、运输、储存和买卖爆炸物品。⑥爱护公共财产，不损坏水利、交通、供电、生产等公共设施。⑦教育村民不得在公路上打场晒粮、挖沟开渠、堆积土石、摆摊设点，不得以任何理由妨碍交通秩序。⑧不制作、出售、传播淫秽物品，不调戏妇女，遵守社会公德。⑨严禁聚众赌博。⑩严禁非法限制他人人身自由，或者非法侵犯他人住宅，不准隐匿、毁弃、私拆他人的邮件。⑪认真遵守户口管理制度，出生、死亡要及时申报和注销。外来人员，需要在本村短期居留的，要向村治安保卫委员会汇报，办理临时手续。⑫建立治安巡逻制度。组织联防队员或村民义务巡逻，维持村内社会治安。⑬对触犯刑律的，及时送司法机关处理。

二、对一般违法行为的处罚规定

（一）乡（镇）公安派出所的治安处罚权

乡（镇）公安派出所对违反治安管理的人可以进行有限制的处罚。对有违反治安管理行为的人给予必要的处罚，是维持社会秩序、保障公共利益的需要。《中华人民共和国治安管理处罚法》第九十一条规定：治安管理处罚由县级以上人民政府公安机关决定；其中警告、五百元以下的罚款可以由公安派出所决定。因此，乡（镇）公安派出所有权对违反治安管理的人处以“警告、五百元以下罚款”的处罚。

各地对办理暂住证的有关规定不尽相同，暂住人可向暂住地公安机关进一步咨询。

（二）乡镇人民政府不能随便关押人

公民的人身自由受国家法律保护。我国《宪法》规定公民的人身自由不受侵犯。任何公民，非经人民检察院批准或者人民法院决定、由公安机关执行，不受逮捕。禁止非法拘禁和以其他方法非法剥夺或者限制公民的人身自由，禁止非法搜查公民的身体。

据此，乡镇人民政府不是司法机关，不能设立关人的地方，随便将人关押。否则，就是非法剥夺他人的人身自由，构成非法拘禁罪。

（三）村干部不得随便搜查他人住宅

公民的住宅不受侵犯。非法侵入他人住宅构成犯罪的要处以刑罚。《治安管理处罚法》第四十条第三款明确规定：非法限制他人人身自由、非法侵入他人住宅或者非法搜查他人身体的，处十日以上十五日以下拘留，并处五百元以上一千元以下罚款；情节较轻的，处五日以上十日以下拘留，并处二百元以上五百元以下罚款。

（四）对未成年人一般违法行为的经济处罚

按照《治安管理处罚法》规定，未成年人违反治安管理虽然可以从轻或免予处罚，但造成他人经济损失或伤害的，要赔偿他人的损失或医疗费用。未成年人本人无力偿还，他的父母应承担赔偿经济损失和医疗费的责任。

（五）指使他人斗殴造成轻微伤害的处罚

指使他人斗殴是违反治安管理的教唆行为，教唆人的教唆行为与被教唆人的违法行为之间存在着直接因果关系，因此教唆人对被教唆人的违法行为要负法律责任。《治安管理处罚法》第十七条和第二十条第二款规定：教唆、胁迫、诱骗他人违反治安管理的，按照其教唆、胁迫、诱骗的行为处罚；教唆、胁迫、诱骗他人违反治安管理的，对教唆人要从重处罚。

（六）对盗掘坟墓行为的处理

盗掘墓葬是一种违法犯罪行为，危害社会治安，影响很坏。盗窃墓葬，窃取财物数额较大的，以盗窃罪论处。盗窃墓葬情节严重，即使未盗得财物或者窃取了少量财物的，也应以盗窃罪论处。如果情节显著轻微、危害不大的，由公安机关给予治安管理处罚。

至于盗掘具有历史、艺术、科学价值的古文化遗址、古墓葬的，则应根据《刑法》规定追究刑事责任。

（七）在林区垦荒烧山的处罚

森林是国家的重要资源，保护森林人人有责。《森林法》规定，地方各级人民政府应当切实做好森林火灾的预防和扑救工作。在森林防火期内，禁止在林区野外用火；因特殊情况需要用火的，必须经过县级人民政府或者县级人民政府授权的机关批准。在林区应有防火设施；发生森林火灾，必须立即组织扑救。由此可见未按规定办理批准手续，垦荒烧山是违法的。如未造成严重后果，应按《治安管理处罚条例》规定处罚；如造成严重后果则应按《刑法》规定，追究其刑事责任。

第五节　农村群体性突发事件的管理

一、农村群体性突发事件的含义和特征

近年来，由于法制的不健全和执法监督的不得力，侵农、坑农、害农事件时有发生，从而导致了农村群体性突发事件的不断发生，对农村社会的影响巨大。所谓农村群体性突发事件是指部分农村居民由于经济利益要求，采取一种非程序、非理性、甚至是非法的、有组织的、有计划的群体性与政府对峙的冲突性活动，是近年来农村矛盾的一个新的表现形式，在一定程度上干扰了人们正常的工作、生活和社会秩序，成为影响农村社会政治稳

定的突出问题。群体突发性事件虽然是一种典型的突发事件，具有突然发生特征，但它并非事前不可预见的，相反，大量突发群体性事件是有明显征兆的，而且也多为人为因素推动才可演变而成。与其他形式的农村社会突发事件一样，农村突发群体性事件也是临时性的突发事件，但是它也有其自身的特殊性。这类事件的参与群体一般都是社会的弱势群体，没有明显的政治目的，只是想维护自身的权利，但是如果处理不当，事件的性质也可能发生变化。

在我国社会主义发展时期，农村群体性突发事件普遍呈现出如下特点：一是问题（矛盾）集聚特征明显。目前我国农村的许多突发性事件大都属于“能量积累型”，在群体性突发事件发生之前，一般来说都有一个“能量”积累过程，会出现许多明显的前兆，而且问题积累越多，前兆就越明显。而许多问题久拖不能解决，或者对上级封锁消息，最终就会一触即发，大规模的群体性突发事件就不可避免，使工作往往陷于被动。二是规模扩大化趋势明显。近年来，我国农村群体性突发事件的规模越来越大，有时甚至达到500人以上，来访群众大都抱着不达目的不罢休的心情，强行进城，不听劝阻，对抗情绪激烈，部分上访人员行为粗野，比较难以控制，若处置不当，很容易使原本属于人民内部的非对抗性矛盾转化成对抗性矛盾，而且这种群体性突发事件组织性比较强，加大了解决问题的难度，也容易被少数不法分子和别有用心的人所利用，对农村的社会稳定将产生极大的影响。三是参与群众的诉求具有复杂性特征。农村群体性突发事件，有一个矛盾积累期，在这个过程中，往往由于农村基层政府处理不当致使事件不断升级。受示范效应影响，参与群众越来越多，使得原本相对简单的矛盾更加复杂化。各种参与人员具有不同的目的，群众要求的合理性与行为的违法性交织在一起。由于诸多因素的积累，有相当一部分上访者始终抱着"不闹不解决、小闹小解决、大闹大解决"的错误思想，而且唯上唯大心理很强，认为不找大领导就解决不了大问题，往往采取不理智的手段向政府施压。四是事件原因具有多样性特征。一般来说，现阶段我国农村社会突发群体性事件产生的原因主要有政策原因、历史原因、利益原因、干群矛盾原因、民主政治发展过程中出现的一些问题等，有时多种原因交织在一起，形成解决群体性突发事件的复杂性。具体来说包括征地拆迁及补偿安置和配套政策难以落实、农民负担过重、基层选举过程中的违规操作舞弊行为以及民族、宗教信仰和利益矛盾激化、其他诸如社会治安、民间、行政执法等问题引起的矛盾等事件诱致因素。

二、农村群体性突发事件的管理措施

农村群体性突发事件已造成我国农村社会秩序的不稳定，迫切需要有关部门进行管理。结合各地实际情况，可以采取的措施如下。

第一，建立群体性突发事件预警机制和动态监控机制，把矛盾解决在萌芽状态。建立农村政治状况的科学评价体系，设计有效可靠的评价指数，建立农村政治状况信息网络，独立、及时、准确、全面地收集关于农民利益矛盾和冲突、基层政权的社会控制能力、农村社会各群体对社会状况评价等问题的真实信息，及时汇总到有关研究部门进行科学分析，得出有事实依据的、前瞻性的政策建议。不仅可以避免处理群体性事件时发生定性错误，而且可以使政府及时启动危机管理机制，防患于未然。

第二，科学区分农村群体性突发事件的政治性质，对不同性质事件采取不同处理方式。目前农村群体性事件主要有 3 种类型：①维权抗争型。基本特征是：一是农民经济权益（征地拆迁、移民安置等）或政治权利（选举权、参与村务管理的权利等）受到基层政府或村干部的非法侵害，农民通过信访或行政诉讼等制度化方式维权无效，甚至受到打击报复，从而采用堵塞交通、强占施工现场、集体上访、越级上访甚至包围冲击地方党政机关等激烈方式进行维权；二是绝大多数参加者的利益诉求明确、目标单纯、行为比较克制；三是其中一些事件有较为稳定的核心人物或松散的组织。现有资料表明，维权抗争型事件占农村群体性事件的 90％以上，特别需要慎重处理。维权抗争型群体性事件属于人民内部矛盾，处理时应以满足农民权益诉求为基本出发点，对维权过程中有过激违法行为的农民也应当以教育为主，切不可滥用警力激化矛盾。②突发骚乱型。此类事件没有明确的组织性，往往因一些偶然事件引起，参加人员没有统一的、明确的利益诉求，主要是借题发挥，表达对社会不公、吏治腐败等现象的不满。近两年，此类事件有增加的趋势。此类事件有 3 个特点：一是没有个人上访、行政诉讼等征兆，突发性极强；二是没有可以立即解决的事由，难以平息；三是没有明确的组织者，找不到磋商对象。这类事件具有泛政治性，值得特别警惕。从目前情况看，突发骚乱型群体事件仍然属于人民内部矛盾，处理时要以控制事态扩大为主，除对事件中有恶性犯罪行为者依法惩处外，对一般参与者应以教育为主。③组织犯罪型。此类事件特征是，某些组织和个人在处理征地或承包矿山资源等涉及巨大经济利益的问题时，利用地方黑恶势力，进行有组织犯罪。此类事件具有暴力性，攻击目标主要是农民，有时也直接针对地方基层政府或干部。组织犯罪型群体性事件属于敌我矛盾，一定要坚决依法处理，对组织领导犯罪者要坚决严惩，但是要特别警惕把某些农民维权组织或核心人物作为违法犯罪组织和罪犯进行镇压引发更为严重的群体性事件的现象。

第三，畅通信息渠道，建立健全群体性突发事件信息报送机制。一是要建立纵横交错的信息网络。从纵向看，在加强传统信息网络建设的同时，要特别重视发挥市级职能部门的信息中心和枢纽的作用，使对群体性突发性事件的处理更加便捷和迅速；从横向来看，各部门信息除了向各党政信息部门报送外，还应在部门之间互相报送，便于从不同侧面分析信息内容。千方百计扩大信息网络的覆盖面，消除空白点。二是要解决信息报送难的问题，如建立健全信息报送报告制度、信息反馈制度和责任追究制。

第四，确保农民的土地权益，建立农地征用的法律程序和市场机制。近年来，随着各地城镇化进程的加快，由于土地征用而引起的农民群体性突发事件增多。据统计，2005 年全国共发生因土地引起的群体性突发事件约 19 700 起，占全部农村群体性事件的 65%以上。土地问题已经成为农村社会冲突的焦点问题。虽然中央对此采取了一些措施，如要求国家有关部门加强征地管理，严格控制征地规模，禁止随意修改规划、滥征耕地、增加给失地农民的补偿等，但是这些措施并不能从根本上解决问题。因此，当务之急是要从法制和政治两方面对各级政府特别是受利益驱动的基层政府征用农村土地的行政权力进行刚性限制，使农民有能力依法维护自己的权益，通过立法和修法明确农民对于耕地的所有权，然后考虑用市场手段来解决农地征用问题，探索建立农地入市交易的法律制度。

第五，加强协调，建立高效的应急处置机构，真正形成全方位工作格局。不仅信访部门要冲在第一线，而且社会各个方面，各个职能部门都要积极参与，要按照“谁主管谁负责”的原则，实行分级负责，归口管理，确定领导责任和单位责任，及时予以解决。凡是涉及跨地区、跨部门、跨行业的问题，应由上级党委或政府牵头。对一些重大问题或影响较大问题，党政主要领导要亲自出面，关键时刻上第一线，亲自过问，与群众对话，防止矛盾上交。

第六，严格掌握政策，注意工作方法，慎用警力。群体性突发事件大多是属于人民内部矛盾，属于非对抗性矛盾。即使有个别群众出现过激言行，也要坚持以说服教育为主，注意工作方法，要通过耐心细致、深入的思想工作来缓解群众的情绪，化解矛盾。不到关键时刻不要调动公安、武警，以免激化群众情绪，警惕少数别有用心的人趁机挑起事端。对参与事件的大多数群众要坚持疏导方针，对群众反映的问题必须高度重视，能解决的及时解决；暂时不能解决，也要说清楚，取得群众理解，避免矛盾激化。对于不听劝阻冲击政府、打砸机关和公用设施，堵塞交通要道的，必须依法处置，决不手软。对参与和组织“群体性突发事件”的一些领头人物要做重点工作，这些人一般是有一定文化素质，在群众中有较大影响，如果能做好他们的思想工作，可以化消极因素为积极因素，有利于事件的早日平息和问题的解决。

第八章 农村一事一议筹资筹劳的管理

第一节 实行一事一议的重要性

一、规范一事一议筹资筹劳管理的重要性

农村税费改革以来的实践表明，一事一议筹资筹劳制度的实行，对于引导农民在自愿的前提下出资出劳，改善生产生活条件，促进集体生产公益事业发展，起到了积极的推动作用。

但在一事一议筹资筹劳过程中还存在一些需要解决的问题：一是违反民主议事程序。一些地方没有按规定的程序进行民主议事，而是由村干部直接拍板定事或少数人说了算，侵犯了农民的民主权利。二是扩大筹资筹劳范围。一些地方不按规定操作，随意扩大筹资筹劳范围，把应由财政支出的项目如修建乡级道路、维修小学校舍等内容纳入筹资筹劳范围；还有的将偿还村级债务、献血补助、村级管理性支出等列入议事的范围，变相加重农民负担。三是突破上限控制标准。一些地方违背量力而行的原则，搞超出农民承受能力的“形象工程”，突破上限控制标准，加重了农民负担。四是平调、挪用筹集的资金。有的乡镇为缓解财政困难，平调、挪用一事一议筹集的资金，用于发放工资或运转经费，影响了农民筹资筹劳的积极性。因此，规范一事一

议筹资筹劳管理，切实解决实施过程中产生的问题，对于保证这项制度的正常运行，并充分发挥其应有的作用，具有极其重要的意义。

二、一事一议筹资筹劳与农村基层民主建设的关系

农村基层民主建设的主要内容是民主选举、民主决策、民主管理和民主监督。一事一议筹资筹劳，从议事项目的提出、表决到具体实施，都必须经过规定的民主程序，符合民主决策、民主管理和民主监督的要求。两者是相互制约、相互促进的关系。

一方面，开展一事一议筹资筹劳有利于形成民主议事机制，促进农村基层民主建设。一事一议筹资筹劳通俗讲就是“大家事、大家议、大家定、大家办”。这既可以改变一些基层干部习惯于自己说了算和采取强迫命令的传统工作方式，又可以给农民搭建一个能说话、有地方说话和说话算数的农村基层民主建设新平台。有了这样一个平台，就能取得了解民意、化解民怨、集中民智、办好民事、赢得民心的效果。所以，一事一议筹资筹劳有利于形成民主议事机制，有利于提高基层干部和农民群众的民主素质，有利于促进农村基层民主建设。

另一方面，加强农村基层民主建设有利于推动一事一议筹资筹劳的广泛开展。实践证明，凡是村务公开和民主管理搞得比较好的地方，村民一事一议筹资筹劳就开展得比较顺利。当前，制约农村基层民主建设的主要因素：一是一些基层干部和农民群众的民主观念和民主素质亟待增强；二是基层民主管理的一些基本制度不健全，有的甚至流于形式；三是部分村级组织缺乏凝聚力、号召力，在群众中威信不高。因此，推进一事一议筹资筹劳必须从解决以上三方面问题入手。首先，要提高农村基

层干部的民主管理水平。通过加大对农村基层干部的教育培训力度,引导他们适应新形势,转变思想观念,增强民主意识,学会运用民主方式,按照农民意愿解决涉及农民切身利益的问题;也要教育农民用正当的方式表达自己的意愿和诉求,珍惜民主权利,遵守民主决策。其次,要提高农村基层组织的凝聚力。结合开展农村党的建设"三级联创"活动,加强思想作风建设和队伍建设,坚持村民委员会成员、村民小组长、村民代表的民主选举制度。第三,要完善村民会议、村民代表会议制度,推行村务公开和民主管理。通过执行民主制度,赢得群众信任,提高基层干部的威信,形成充满活力的村民自治运行机制,充分调动农民参与社会主义新农村建设的积极性。

三、新形势下,开展一事一议筹资筹劳应遵循的原则

按照《村民一事一议筹资筹劳管理办法》以下简称(《管理办法》)规定,一事一议筹资筹劳应遵循的原则有以下5项。

(1)村民自愿。一事一议筹资筹劳以村民的意愿为基础。即议什么、干不干、干哪些、怎样干,都要听取村民的意见,尊重村民的意愿,不能强迫命令。村民自愿不仅是议事的基础,也是能否议得成、办得好的重要前提。

(2)直接受益。一事一议筹资筹劳项目的受益主体与议事主体、出资出劳主体相对应,即谁受益、谁议事、谁投入。全村受益的项目全村议,村民小组或自然村受益的项目可按村民小组或自然村议事。直接受益是提高议事成功率和实施效果的重要条件。

(3)量力而行。确定一事一议筹资筹劳项目、数额,要充分考虑绝大多数村民的收入水平和承受能力。筹资数额和筹劳数

量较大的项目可制定规划，分年议事，分步实施。

(4)民主决策。一事一议筹资筹劳项目、数额等事项，必须按规定的民主程序议事，经村民会议讨论通过，或者经村民会议授权由村民代表会议讨论通过，充分体现民主决策、民主监督。这是一事一议筹资筹劳制度的核心和关键。

(5)合理限额。目前，农民的整体收入水平不高，全国各地农民收入的差距较大。省级人民政府应根据当地经济发展水平和村民承受能力，分地区制定筹资筹劳的限额标准，村民每年人均筹资额、劳均筹劳量不能超过限额标准。

四、通过一事一议筹资筹劳调动农民参与的积极性

建设社会主义新农村，需要凝聚社会各方面的力量。既要加大政府对农村基础设施建设的投入力度，同时也必须调动多方面投入的积极性，尤其要尊重农民意愿和农民的首创精神，激发广大农民群众的潜能，使社会主义新农村建设真正成为农民群众主动参与、直接受益的民心工程。一事一议筹资筹劳是农村税费改革后，农民参与村内集体生产生活等公益事业建设的主要方式。通过一事一议筹资筹劳，引导农民参与社会主义新农村建设，需要抓好4个关键点。

(1)所议之事要符合大多数农民的需要。要从绝大多数农民生产生活最急需、要求最强烈和最热切盼望解决的问题议起，力争议得成、见效快，让农民看得见、摸得着，能够直接受益。这样，所议之事才能被大多数群众所接受。

(2)议事过程要坚持民主程序。要严格按照规定的程序操作，做到群众想办的事由群众来议，不能由干部说了算，干部的责任是积极组织，因势利导。不便召开村民会议讨论的，可以由

村民会议授权村民代表会议讨论。村民代表须由民主推荐产生,每个代表事先确定具体代表的户,会前逐户征求所代表农户的意见,投票时要按一户一票的方式进行,以防止"代表权"虚置。

(3)实施过程和结果群众要全程参与监督。确保一事一议所筹资金和劳务能真正用在所议项目上,这是群众最关心的,也是一事一议筹资筹劳能否成功和持久的关键。所以,从立项、审核到实施、竣工和验收,都要坚持阳光操作,民主管理,保证质量,以增加透明度和信任度。要推选有威信的村民代表组成民主理财小组,进行全程跟踪监督管理,所筹资金和劳务的使用情况要分别在事前、事中、事后 3 个环节及时向村民张榜公布,接受群众监督。有关部门也要加强监督,严格把关,发现问题及时纠正。

(4)财政投入与农民投入相结合。推进社会主义新农村建设,需要充分发挥农民主体和国家主导的作用。仅靠农民一事一议筹资筹劳毕竟数额有限,也需要政府加大财政投入和社会各方面的广泛支持。采取项目补助、以奖代补等办法引导农民参与一事一议筹资筹劳,使两者形成合力,既可以使财政投入落到实处,又可以解决农民筹资筹劳规模小的瓶颈问题,从而推动新农村建设取得明显实效。

第二节　一事一议的适用范围

一、一事一议筹资筹劳的适用范围

《管理办法》规定:"村民一事一议筹资筹劳的适用范围:村

内农田水利基本建设、道路修建、植树造林、农业综合开发有关的土地治理项目和村民认为需要兴办的集体生产生活等其他公益事业项目。”村内的项目具体包括：修建和维护生产用的小型水渠、塘(库)、圩堤和生活用的自来水等；修建和维护村到自然村、自然村到自然村之间的道路等；集体各种林木的种植和养护；农业综合开发有关的土地治理项目，包括中低产田改造、宜农荒地开垦、生态工程建设、草场改良等；以及村民认为需要兴办的集体生产生活等其他公益事业项目。

《管理办法》还规定：对符合当地农田水利建设规划，政府给予补贴资金支持的相邻村共同直接受益的小型农田水利设施项目，先以村级为基础议事，涉及的村所有议事通过后，报经县级人民政府农民负担监督管理部门审核同意，可纳入村民一事一议筹资筹劳的范围。采取由受益村协商、乡镇政府协调、分村议事、联合申报、分村管理资金和劳务的办法实施，所需筹集的资金和劳务在一事一议筹资筹劳限额内统一安排，分村据实承担。

二、一事一议筹资筹劳在村范围内的适用

一事一议筹资筹劳主要在村范围内适用，其主要目的是在村民承受能力允许的范围内，有效解决村内生产公益事业建设的投入问题。在目前国家投入不足、农民收入水平不高的情况下，通过一事一议的形式，组织和引导村民在承受能力之内筹集一定的资金和劳务，兴办村内公益事业，有利于尽快解决群众急需的生产生活实际问题。

同时，明确规定一事一议筹资筹劳的议事和使用范围为村内，有利于将有限的资金和劳务真正用于村内生产生活设施建设，防止其他方面随意扩大一事一议筹资筹劳的范围，以一事一

议名义摊派、平调资金和劳务,进而加重农民负担。

三、不列入筹资筹劳范围的项目

《管理办法》规定:属于明确规定由各级财政支出的项目不列入一事一议筹资筹劳的范围。从目前的情况看,这类情况主要有以下几个方面。

(1)大中型农田水利建设项目。《国务院关于进一步做好农村税费改革试点工作的通知》(国发[2001]5号)规定:"今后,凡属于沿长江、黄河、松花江、辽河、淮河、洞庭湖、鄱阳湖、太湖等大江、大河、大湖地区,进行大中型水利基础设施修建和维护,所需资金应在国家和省级基本建设投资计划中予以重点保证;农村小型农田水利建设项目,应从地方基本建设计划中安排资金。"

(2)乡级及以上道路建设项目。《中共中央、国务院关于进行农村税费改革试点工作的通知》(中发[2000]7号)规定:"乡级道路建设资金由政府负责安排"。

(3)教育、计生、优抚等社会公益项目。《中共中央、国务院关于进行农村税费改革试点工作的通知》(中发[2000]7号)规定:"取消乡统筹费后,原由乡统筹费开支的乡村两级九年义务教育、计划生育、优抚和民兵训练支出,由各级政府通过财政预算安排。"《国务院关于做好2004年深化农村税费改革试点工作的通知》(国发[2004]21号)强调:"要进一步明确县乡财政职能和支出范围,优化支出结构,将农村义务教育、计划生育、优抚和乡级道路建设等农村公益事业经费,列入县乡财政支出范围,增加农村教育、卫生、文化、水利、农业技术推广等投入。"《中华人民共和国义务教育法》第四十二条第二款规定:"国务院和地方各级人民政府将义务教育经费纳入财政预算，按照教职工编制标准、工资标准和学校建设标准、学生人均公用经费标准等，及时足额拨付义务教育经费，确保学校的正常运转和校舍安全，确保教职工工资按规定发放。”

(4)农村电网改造后的户外线路及设备管护与维修项目。农村电网改造工程完成后，户外线路及设备的管护与维修不再由农民承担。

(5)村干部报酬、办公经费等村务管理项目。《国务院关于做好2004年深化农村税费改革试点工作的通知》(国发[2004]21号)明确指出：“村级组织因减免农业税减少的附加收入，乡镇以上财政要给予必要补助，保证农村五保户供养、村干部报酬和办公经费的正常开支需要。”《国务院办公厅关于做好当前减轻农民负担工作的通知》(国办发[2006]48号)强调地方各级人民政府及有关部门需要村级组织协助开展工作的，要提供必要的工作经费，严禁将部门或单位经费的缺口转嫁给村级组织。建立健全村级组织运转经费保障机制，加大对村级组织运转资金补助力度，确保补助资金及时足额到位，确保五保户供养、村干部报酬和村级办公经费等方面的支出。

(6)上级部门立项，要求基层政府配套的项目。《国务院关于进一步做好农村税费改革试点工作的通知》(国发[2001]5号)明确指出：“中央部门和地方各级政府安排的公路建设、农业综合开发、水利设施等基本建设，应按照‘谁建设、谁拿钱’和量力而行的原则，不留投资缺口。”属于基层政府配套的项目，不能以一事一议筹资筹劳的形式转嫁给农民承担。

四、一事一议筹资筹劳在什么范围议事？

《管理办法》规定村民一事一议筹资筹劳的议事范围为建制

村。按照受益范围划分，一般有3种情况。

(1)全村范围受益的项目。这类项目适合在全村范围内民主议事，应通过召开村民大会或村民代表大会的形式进行讨论和决策。

(2)建制村中部分群体受益的项目。这类项目在不影响村整体利益和长远规划的前提下，根据受益主体和筹资筹劳主体相对应的原则，可适当缩小议事范围，在村民小组或自然村范围进行议事。

(3)受益群体超出建制村范围的项目。对于符合《管理办法》规定条件的、受益群体超出建制村范围的项目，在涉及的相邻村中先以村级为基础议事，所有涉及的村都议事通过后，再履行相关手续。这样规定主要考虑以村为基础议事，有利于村民意愿的直接表达，真正体现民主决策、民主监督。

五、一事一议筹资筹劳的对象及分摊

《管理办法》规定："筹资的对象为本村户籍在册人口或者所议事项受益人口。""筹劳的对象为本村户籍在册人口或者所议事项受益人口中的劳动力。"劳动力的具体年龄范围，由省级明确。

我国农村幅员辽阔，各地情况千差万别，《管理办法》对于筹资筹劳具体分摊办法没作统一规定。从目前各地的做法看，分摊的主要形式有：按村内人口分摊，按受益人口分摊，按劳动力分摊，按承包地分摊，或者按人劳与承包地适当比例分摊等。具体采取哪一种分摊办法，可能会因地、因事而异。各省(区、市)可结合本地实际提出具体分摊办法或明确由村民民主讨论决定。

六、能减免村民筹资筹劳任务的情况

《管理办法》规定,属于下列情况之一的,可以申请以下减免筹资筹劳任务。

(1)家庭确有困难,不能承担或者不能完全承担筹资任务的农户可以申请减免筹资。家庭确有困难包括:因病、因残等导致丧失主要劳动能力,难以维持日常基本生活的农村特困家庭;虽不符合五保户供养条件,但无劳动能力、生活常年困难的鳏寡孤独家庭;以及年人均收入达不到当地农村居民最低生活保障线的家庭。

(2)因病、伤残或者其他原因不能承担或者不能完全承担劳务的村民可以申请减免筹劳。筹劳任务由具有劳动能力的劳动力承担,对因各种原因丧失劳动能力的村民应给予减免,防止出现转嫁劳务或以资代劳等问题。

对符合减免条件的,获得减免的具体程序是:由当事村民口头或书面提出申请,经村民委员会审查后张榜公布,群众对公布无异议的,经村民会议或者村民代表会议讨论通过后,给予减免。

第三节　一事一议的组织实施

一、一事一议筹资筹劳的组织开展

村民委员会组织开展一事一议筹资筹劳,需要做好以下5个环节的工作。

(1)组织动员。在一事一议筹资筹劳事项提出后,村民委员

会成员要进行广泛思想发动，使村民明白一事一议筹资筹劳项目的作用、目的和意义，动员村民积极参与民主议事、民主决策和民主管理。对准备提交村民会议或者村民代表会议审议的一事一议筹资筹劳项目、标准、数额等事项，会前向村民公告，做到家喻户晓，人人皆知。

(2)民主决策。在广泛宣传和动员之后，村民委员会应及时组织召开村民会议或村民代表会议。会上先由村民委员会介绍一事一议筹资筹劳初步方案，再请参加会议的村民或村民代表发表意见，进行民主协商。期间村民委员会成员可以进行解释和引导，在充分讨论的基础上进行表决。当场宣布表决结果，并由参加会议的村民或者村民代表在表决书上签字。

(3)上报审核。对村民会议或村民代表会议表决通过的一事一议筹资筹劳决定，由村民委员会将一事一议筹资筹劳方案报经乡镇人民政府初审后，报县级人民政府农民负担监督管理部门复审。审核通过后，乡镇人民政府在省级人民政府友民负担监督管理部门统一印制或者监制的农民负担监督卡上对一事一议筹资筹劳项目、标准、数量进行登记。

(4)筹资筹劳。村民委员会将农民负担监督卡分发到户，同时将一事一议筹资筹劳的项目、标准、数额张榜公布。然后，由村民委员会按照农民负担监督卡上登记的标准、数额，向村民收取资金、安排出劳，并开具一事一议筹资筹劳专用凭证。

(5)使用管理。村民委员会对筹集的资金要单设账户、单独核算、专款专用；根据不同投工项目，制定合理的劳动定额和质量标准，加强劳动力调度，建立投工台账，及时登记村民完成的投工数量，纳入账内核算，年终进行平衡找补。筹集资金和劳务的管理及使用情况，由村民民主理财小组审核后，定期张榜公布，接受村民监督。

二、筹集的资金的管理

《管理办法》规定筹集的资金应单独设立账户、单独核算、专款专用。

筹集的资金采取什么形式管理，应由村民会议或村民代表会议确定议事项目时一并表决确定。采取一事一议方式筹集的资金，是专门用来兴办经民主程序确定的集体生产生活等公益事业的，它的使用必须是专款专用。为确保专款专用，在具体管理中需要采取单设账户方式，向出资人收取的资金必须单独设立账户储存，不能与其他集体资金混存、混用；必须用于一事一议确定的专门项目，项目之间也不能混用，更不能平调挪作他用。

一事一议筹集的资金管理要做到票账齐全。在使用中，每项支出须由收款方出具正规的发票或收据。没有发票或收据的支出一律不能报销。同时，要建立专用账簿，将所有支出反映到账面上，做到票账齐全、票账相符。

三、一事一议筹集资金出现节余后的处理

根据《管理办法》的规定，一事一议筹集的资金实行单设账户、单独核算、专款专用。如果所议项目完成后出现节余，需要及时提出处理意见。是一事一结、退还给村民，还是用于村内其他公益事业项目，或是结转到下一年的议事项目中使用，应当根据多数村民的意见确定，不能随意挪作他用。

四、跨年度进行一事一议筹资筹劳的审批

村民一事一议筹资筹劳是指当年事、当年议、当年筹、当年

办,一般情况下不得跨年度筹集资金和劳务。如果遇到特殊事项确需跨年度筹集资金和劳务,即一次议事、筹集几年的资金和劳务,必须在全体村民同意的前提下,报省级人民政府农民负担监督管理部门审核批准后方可实施。

五、为什么不能强行以资代劳

《管理办法》规定:属于筹劳的项目,不得强行要求村民以资代劳。其主要原因有:

(1)强行以资代劳违背了筹劳的初衷。目前,我国农村基础设施建设滞后。在国家和地方政府投入有限的情况下,引导村民筹资筹劳兴办集体生产生活等公益事业,对改善农村基础设施条件,加快社会主义新农村建设步伐,具有十分重要的作用。但目前大多数农民的收入水平还较低,很难拿出大量的资金投入到集体生产生活设施建设。同时,农村劳动力资源十分丰富,特别是在农闲季节,有大量劳动力闲置。因此,投工投劳是村民参与社会主义新农村建设的主要形式。如果强行以资代劳就违背了引导村民投工投劳的初衷。

(2)强行以资代劳必然加重农民的经济负担。村民委员会通过民主管理的方式,把闲置的农村劳动力组织起来,兴办一些村民直接受益的集体生产生活公益事业,村民出得起,也办得到。但强行以资代劳,等于把筹劳变成了筹资,无疑会加重农民的经济负担,容易引发干群矛盾。

(3)强行以资代劳容易出现挪用等问题。村民以出工的方式参与集体生产生活公益事业建设,村民的负担看得见、摸得着,其所出的工是否用在村民受益的项目上一目了然,便于村民监督。但强行以资代劳,把工日折成现金,就给侵占、挪用以资代劳款提供了可乘之机，这些资金有可能被用到其他非公益事业建设上，甚至用于发放人员工资和奖金。所以，严禁强行以资代劳，是防止农民负担反弹的一项重要措施。

六、对筹资筹劳的管理使用如何进行民主监督

有效的民主监督，是确保管好用好一事一议所筹资金和劳务的重要手段。主要有如下两个途径。

第一个途径是由民主理财小组监督。村民民主理财小组对一事一议筹资筹劳情况实行事前、事中、事后全程监督。事前监督的重点是筹资筹劳的项目、标准、对象是否符合规定，数额是否合理。事中监督的重点是筹集的资金是否单独设立账户，是否做到专款专用，有无平调、挪用所筹资金和劳务的情况，是否存在强行以资代劳。事后监督的重点是项目实施情况以及节余资金和劳务的处理是否符合规定。

第二个途径是由村民监督。一事一议筹资筹劳的管理使用情况经村民民主理财小组审核后，要定期张榜公布，接受村民的监督。村民有权对一事一议筹资筹劳的财务账目提出质疑，有权委托民主理财小组查阅、审核财务账目，有权要求有关当事人对财务问题作出解释。

第四节　一事一议的履行

一、一事一议筹资筹劳项目的确定程序

根据《管理办法》的规定，一事一议筹资筹劳项目的确定程序应经过以下 4 步。

第一步，提出筹资筹劳事项。筹资筹劳事项，可以由村民委员会提出，也可以由1/10以上的村民或者1/5以上的村民代表联名提出。

第二步，广泛征求村民意见。筹资筹劳事项提出后，在提交村民会议或者村民代表会议审议前，应当向村民公告，做到家喻户晓。同时，通过设立咨询点、意见箱等形式，广泛征求村民意见，并根据村民意见对筹资筹劳事项进行修改和调整。

第三步，按民主程序进行表决。对需要村民出资出劳的项目，要提交村民会议或者经村民会议授权的村民代表会议讨论通过，包括筹资筹劳项目、项目开支预算、筹资筹劳额度、具体分摊形式、减免对象和办法等。村民会议或者村民代表会议表决后形成的筹资筹劳方案，由参加会议的村民或者村民代表签字认可。

第四步，将方案上报审核。对表决通过的筹资筹劳方案，要按程序报经乡镇人民政府初审后，报县级人民政府农民负担监督管理部门复审。县级人民政府农民负担监督管理部门复审同意后，可实施一事一议筹资筹劳。

二、一事一议筹资筹劳事项的提出

根据《管理办法》，筹资筹劳事项的提出可有以下两种形式。

第一种是由村民委员会提出。村民委员会是村民自我管理、自我教育、自我服务的基层群众性自治组织，实行民主选举、民主决策、民主管理、民主监督。因此，在兴办集体生产生活等公益事业方面，村民委员会有责任在广泛听取村民意见的基础上，提出符合本村实际情况，代表全村绝大多数村民意愿，促进经济社会发展的公益事业项目。村民委员会在选择提出一事一议筹资筹劳项目时，要充分听取村民意见，防止长官意志、贪大求全和脱离实际的情况。

第二种是由 1/10 以上的村民或者 1/5 以上的村民代表联名提出。由村民或村民代表联名提出一事一议筹资筹劳事项，一方面可以充分了解和掌握民意，提高村民当家做主的意识，体现民主决策、民主管理的要求；另一方面还可以提高执行效力，使村内的事情村民提、村民办，易决策、易成事。村民或村民代表所提项目，应以书面形式提交并签署姓名，签名人数要达到规定的比例。

三、采取村民会议的形式进行议事

采用村民会议的形式议事，需要抓好以下 3 个环节。

(1)适时召集会议。选择恰当时机，确保参会村民达到法定要求，即有本村 18 周岁以上村民的过半数参加，或者有本村2/3以上的户的代表参加。在劳动力外出较多的地方，最好安排在春节前后或外出务工农民集中返乡的时间召开村民会议。村民委员会在召开村民会议之前，要做好思想发动和动员组织工作，引导村民积极参与民主议事。

(2)充分发扬民主。召开村民会议时，村民委员会要全面介绍一事一议筹资筹劳的情况，讲清楚所兴办项目的实际作用、开支预算、筹资筹劳额度、分摊办法等。在讨论过程中，要允许广泛发表意见，充分民主协商，吸收村民合理意见。

(3)公开公正表决。经过充分讨论后，村民会议要进行表决。表决实行一人一票，村民会议所作决定须经到会人员的过半数通过。表决后形成的一事一议筹资筹劳决定，要在村民会议上当场宣布，由参加会议的村民签字认可。

四、村民代表会议表决时按一户一票进行

村民代表会议表决有两种备选形式：一是每位村民代表一票。这种表决形式容易出现以村民代表个人意愿代替农户意见的情况；在所代表的农户意见不一致时，一票也难以准确反映农户之间的不同意见。二是村民代表所代表的农户一户一票，即村民代表按照所代表农户的意见分别投票。这种表决形式能够反映大多数农户的意愿，使村民代表会议能够按照多数农户的意见进行决策，比较科学合理。因此，《管理办法》规定村民代表会议表决时按一户一票进行。

五、采取村民代表会议的形式议事

采用村民代表会议的形式议事，要做好以下几方面工作。

(1)召集会议。召开村民代表会议，要有代表2/3以上农户的村民代表参加。因此，村民委员会要选择适当时间召开会议，保证大部分村民代表能够出席。

(2)民主议事。召开村民代表会议时，村民委员会要做好组织引导工作，使村民代表能够充分发表意见。村民代表不仅要发表个人的意见，还要全面表达所代表农户的意见。

(3)民主表决。村民代表会议要在充分讨论、协商的基础上进行民主表决。表决时按一户一票进行，即村民代表按照所代表农户的意见投票。所作决定须经到会村民代表所代表农户的过半数通过。村民代表会议表决后形成的筹资筹劳决定要当场宣布，并由参加会议的村民代表签字认可。

第五节　一事一议的监督管理

一、一事一议筹资筹劳制定的限额标准

《管理办法》规定:“省级人民政府农民负担监督管理部门应当根据当地经济发展水平和村民承受能力,分地区提出村民一事一议筹资筹劳的限额标准,报省级人民政府批准。”制定限额标准主要基于以下考虑。

(1)法律有明确的规定。《中华人民共和国农业法》第七十三条规定:农村集体经济组织或者村民委员会为发展生产或者兴办公益事业,需要向其成员(村民)筹资筹劳的,应当经成员(村民)会议或者成员(村民)代表会议过半数通过后,方可进行。农村集体经济组织或者村民委员会依照前款规定筹资筹劳的,不得超过省级以上人民政府规定的上限控制标准,禁止强行以资代劳。制定一事一议筹资筹劳限额标准,符合国家的法律规定,是依法保护农民权益的具体措施。

(2)农民承受能力还较低。目前,我国农民的总体收入水平还不高,经济承受能力有限;同时由于经济发展不平衡,地区之间、农户之间的收入差异很大,相当一部分农户的经济承受能力极其有限。如果不分地区制定一事一议筹资筹劳的限额标准,就容易产生超出村民实际承受能力筹资筹劳、加重农民负担的问题。

二、村民一事一议筹资筹劳监督管理工作的主要任务

《管理办法》规定:“农业部负责全国村民一事一议筹资筹劳的监督管理工作。县级以上地方人民政府农民负担监督管理部

门负责本行政区域内村民一事一议筹资筹劳的监督管理工作。乡镇人民政府负责本行政区域内村民一事一议筹资筹劳的监督管理工作。”各级有以下主要任务。

农业部负责全国村民一事一议筹资筹劳的监督管理工作，其主要任务是：起草有关村民一事一议筹资筹劳管理的法律、行政法规，研究制定有关政策；负责村民一事一议筹资筹劳管理的法律、行政法规、政策的贯彻实施和监督检查；具体负责村民一事一议筹资筹劳的日常监督管理，与有关部门联合组织实施村民一事一议筹资筹劳项目补助、以奖代补工作；协助有关部门处理村民一事一议筹资筹劳的违规违纪的重大案（事）件；指导各地开展村民一事一议筹资筹劳的试点、示范工作。

县级以上地方人民政府农民负担监督管理部门负责本行政区域内村民一事一议筹资筹劳的监督管理工作，主要任务是：制定本地区村民一事一议筹资筹劳的有关制度并监督实施；复审村民一事一议筹资筹劳的方案，纠正不符合村民一事一议筹资筹劳规定的有关问题（县级）；与有关部门联合组织实施村民一事一议筹资筹劳项目补助、以奖代补工作；对村民一事一议筹集资金和劳务的管理使用情况实施监督、审计；组织本地区村民一事一议筹资筹劳的检查，协助有关部门查处村民一事一议筹资筹劳中的违规违纪行为。省级农民负担监督管理部门还要承担以下任务：根据本省经济发展水平，提出村民一事一议筹资筹劳限额标准和以资代劳工价标准等，并监督执行；设计并印制本省农民负担监督卡、专用收据和用工凭据样式。

乡镇人民政府负责本行政区域内村民一事一议筹资筹劳的监督管理，主要任务是：指导村民委员会按照民主程序召开村民会议或者村民代表会议；协调相邻村共同直接受益的村民一事一议筹资筹劳项目的组织实施；初审村民委员会报送的村民一事一议筹资筹劳方案是否符合有关规定；在农民负担监督卡上登记村民一事一议筹资筹劳事项，组织发放农民负担监督卡；监督村民委员会按照村民一事一议筹资筹劳方案实施。

三、开展一事一议，维护村民的合法权益

（1）严格执行一事一议筹资筹劳的范围、程序和限额标准。《管理办法》明确规定了一事一议筹资筹劳的适用范围、民主程序，并且要求省级人民政府农民负担监督管理部门提出限额标准并报省级人民政府批准，这些是一事一议筹资筹劳基本的政策界限。农民负担监督管理部门在审核一事一议筹资筹劳方案时应严格把关，对于超出筹资筹劳范围、违反民主程序和突破限额标准的情况要及时予以纠正。

（2）防止平调、挪用一事一议所筹资金和劳务。一事一议所筹资金和劳务必须按照规定管理和使用，不能平调，更不能挪用，否则会挫伤村民参与农村公益事业建设的积极性。农民负担监管部门应加强对一事一议筹资筹劳的工作指导和监督管理，切实防止和及时纠正平调、挪用一事一议所筹资金和劳务的现象。

（3）防止将一事一议筹资筹劳变成固定的收费项目。开展一事一议筹资筹劳，必须从实际需要出发，充分尊重村民的意愿，并考虑到群众的承受能力。不能急于求成和少数干部想议就议，更不能将一事一议筹资筹劳变成固定的收费项目。

（4）防止一些部门和单位以检查、评比、考核等名义擅自立项。一事一议筹资筹劳，必须是为兴办村民直接受益的集体生产生活等公益事业，经民主程序确定的村民出资出劳的行为，不

允许任何单位和部门以检查、评比、考核等名义擅自立项，或者提高标准向村民筹资筹劳。一旦发现此类问题，农民负担监督管理部门应予以及时制止，并根据《管理办法》的规定进行严肃处理。

四、一事一议筹资筹劳使用情况的审计重点

《管理办法》规定："地方人民政府农民负担监督管理部门应当将村民一事一议筹资筹劳纳入村级财务公开内容，并对所筹集资金和劳务的使用情况进行专项审计。"专项审计重点审计以下内容。

(1)是否严格按县级农民负担监督管理部门复审的一事一议筹资筹劳方案筹集资金和劳务，有无超范围使用、超标准筹集问题；

(2)是否将一事一议筹资筹劳合理分解分摊到户，农民负担卡的填写发放是否规范；

(3)一事一议筹资筹劳有无增项加码和强行以资代劳问题；

(4)一事一议筹集的资金是否单独设立账户、单独核算；

(5)有无平调、挪用一事一议筹集的资金和劳务问题；

(6)一事一议筹资筹劳项目补助、以奖代补资金使用是否合理。

对审计出来的问题，农民负担监督管理部门要依照《管理办法》的有关规定进行处理。

五、违反《管理办法》规定的处理

(一)违反规定要求村民或村民委员会组织筹资筹劳的处理

从近几年的情况看，一些地方存在以达标、评比、配套等方

式要求村民或村民委员会组织筹资筹劳的问题。下面就是一个典型案例。

A镇要建一座文化中心，需投资30万元。A镇镇政府以文化中心建在A村的地域，A村的村民使用较多为由，要求A村配套5万元。A村村民委员会主任张某表示配套5万元有困难，A镇分管文化卫生的副镇长王某表示可以用一事一议筹资筹劳办法向村民筹集。于是A村召开村民代表会议，决定向村民每人筹资20元。该村将收取的4万多元筹资款，全部上缴镇政府。

在上述案例中，修建镇文化中心不属于村民一事一议筹资筹劳的范围，不能要求村民通过一事一议筹资配套，属于违反《管理办法》有关规定的行为。

对于这类违反规定，要求村民或者村民委员会组织一事一议筹资筹劳的，《管理办法》规定：县级以上人民政府农民负担监督管理部门应当提出限期改正意见；情节严重的，应当向行政监察机关提出对直接负责的主管人员和其他直接责任人员给予处分的建议；对于村民委员会成员，由处理机关提请村民会议依法罢免或者作出其他处理。

（二）违反规定强行向村民筹资的处理

实践中一些地方存在不履行一事一议筹资筹劳民主程序，不经村民会议或村民代表会议讨论，强行向农民筹资的情况。下面是一个典型案例。

B村要修建一座公路桥，总投资15万元。B村召开村两委和党员会议，决定向全村村民每人筹资20元，并从农户出售的甘蔗款中直接扣取，全村2 950人，共扣取5.9万元。

上述案例中，B村向村民筹资没有履行一事一议筹资筹劳的民主程序，从村民的甘蔗款中扣取筹资款，属强行筹资行为，违反《管理办法》的有关规定。

对于这类违反规定，强行向村民筹资的，《管理办法》规定：县级以上地方人民政府农民负担监督管理部门应当责令其限期将收取的资金如数退还村民；情节严重的，应当向行政监察机关提出对直接负责的主管人员和其他直接责任人员给予处分的建议；对于村民委员会成员，由处理机关提请村民会议依法罢免或者作出其他处理。

（三）违反规定强制村民出劳的处理

根据农民负担检查和各地的反映，一些地方存在将应由县乡财政资金配套的项目，采取强制村民出劳方式转嫁给农民负担的问题。下面是一个典型案例。

C县申请省交通厅的县乡公路建设项目，该项目省级每公里投资15万元，要求县级配套弥补投资缺口。为了争取项目，C县承诺给予配套。在项目实施中，县政府以一事一议筹资筹劳名义，强行要求所属10个乡镇近50个村的村民出劳完成路基工程，劳均5个工日，总计达25万个工日。

上述案例中，C县政府要求所属50多个村的村民出劳，项目内容是修建县乡公路，超出了《管理办法》规定的一事一议筹资筹劳范围，属于强制村民出劳行为。

对于这类违反规定，强制村民出劳的，《管理办法》规定：县级以上地方人民政府农民负担监督管理部门应当责令其限期改正，按照当地以资代劳工价标准，付给村民相应的报酬；情节严重的，应当向行政监察机关提出对直接负责的主管人员和其他直接责任人员给予处分的建议；对于村民委员会成员，由处理机关提请村民会议依法罢免或者作出其他处理。

（四）违反规定强行要求村民以资代劳的处理

一些地方基层干部认为，统一进行以资代劳简便易行。有的理由是不少村民已经外出打工，组织村民出劳比较麻烦；有的理由是目前施工都是机械化操作，村民出劳难以达到工程质量。因此，出现了在未逐户征求村民意见情况下，直接收取以资代劳款的问题。下面是一个典型案例。

D村要修建一条水泥路，于是召开村民会议，决定每人筹资20元，每个劳力出2个工日。会后，村干部考虑到该村大多数劳力已外出务工，出劳可能有困难，决定采取以资代劳方式，每个劳力收取30元的以资代劳款。至调查时，D村在大部分劳力未书面申请的情况下，直接收取以资代劳款1.05万元，另外收取筹资款2万元。

上述案例中，D村开展一事一议筹资筹劳履行了民主程序，方案是符合规定的，但在组织筹劳过程中，存在强行以资代劳的现象，违反《管理办法》的有关规定。

对于这类违反规定，强行要求村民以资代劳的，《管理办法》规定：县级以上地方人民政府农民负担监督管理部门应当责令其限期将收取的资金如数退还村民；情节严重的，应当向行政监察机关提出对直接负责的主管人员和其他直接责任人员给予处分的建议；对于村民委员会成员，由处理机关提请村民会议依法罢免或者作出其他处理。

主要参考文献

[1]张和清. 农村社会工作. 北京:高等教育出版社,2008.

[2]农业部农村社会事业发展中心. 农村社会事业工作者手册. 北京:中国农业出版社,2010.

[3]陈庆立,林学达. 新农村村官工作实用手册. 北京:人民出版社,2009.

[4]任大鹏. 新农村:管理民主. 长沙:湖南教育音像出版社,2007.